高职高专物联网专业规划教材

"十三五"江苏省高等学校重点教材

编号：2018-1-117

物联网工程技术综合实训教程

第二版

高 云　　华 驰　　秦昌琪　　主编

·北京·

内 容 简 介

本书分成两个学习情境，分别为物联网展示互动中心功能和物联网工程技术应用系统。在学习情境一中，按照物联网展示互动中心的各项功能，体验智能生活的一天，感受物联网技术在社会生活中的实际应用。在学习情境二中，详细介绍智慧农业、智慧物流、工业物联网三个项目的应用技术，项目描述具体，学习目标明确，技能训练任务层层递进。本书将技能知识与企业项目结合在一起，各个任务是由企业实际开发项目转化而来，是校企合作的成果之一，学生通过完成书中的项目任务，能真正体会物联网工程的实施过程。

本书采用任务驱动的项目化方式编写，突出工程实践性，以项目为导向，以基于物联网的智慧农业、智慧物流、工业物联网系统的开发为主线设置多个工作任务，并将相关的知识点、技能由浅入深，由易到难融入每个任务中；每一个项目都是一个完整的工作过程，便于实施"理实一体化"教学，有利于培养学生的物联网应用系统的设计能力与开发能力。

本书可作为高职高专物联网、电子信息、通信、计算机、自动化、传感网技术等相关专业的教材，还可供从事物联网相关工作的研究人员、工程技术人员参考。

图书在版编目（CIP）数据

物联网工程技术综合实训教程/高云，华驰，秦昌琪主编. —2 版 .—北京：化学工业出版社，2020.11（2024.2重印）

高职高专物联网专业规划教材

ISBN 978-7-122-37705-0

Ⅰ.①物…　Ⅱ.①高…　②华…③秦…　Ⅲ.①物联网-高等职业教育-教材　Ⅳ.①TP393.4②TP18

中国版本图书馆 CIP 数据核字（2020）第 171078 号

责任编辑：王昕讲　　　　　　　　装帧设计：王晓宇
责任校对：王素芹

出版发行：化学工业出版社（北京市东城区青年湖南街 13 号　邮政编码 100011）
印　　装：北京科印技术咨询服务有限公司数码印刷分部
787mm×1092mm　1/16　印张 13¾　字数 342 千字　　2024 年 2 月北京第 2 版第 3 次印刷

购书咨询：010-64518888　　　　　　售后服务：010-64518899
网　　址：http://www.cip.com.cn
凡购买本书，如有缺损质量问题，本社销售中心负责调换。

定　　价：46.00 元

前言

目前，物联网技术的迅速发展，带动了传感器、电子通信等一系列技术产业的同步发展，为了满足经济社会发展的需求，培养高素质的创新型物联网应用技术人才是当务之急。

物联网主要由感知层、传输层和应用层组成，其中感知层包括传感器、二维码、RFID（射频识别）、多媒体设备等数据采集和自组织网络系统；传输层包括各种网关和接入网络，以及异构网融合、云计算等承载网支撑系统；应用层包括信息管理、业务分析管理、服务管理、目录管理等物联网业务中间件和物联网应用子集系统。

本书以物联网工程技术开发的工作过程为主线，紧紧围绕物联网工程技术岗位要求，如物联网产品电子线路设计与测试员、智能网关、无线传感节点产品的研发与测试员、物联网应用软件设计与测试员等工作岗位的工作过程，将课程学习领域分成三大学习任务：分别为系统感知层设计、系统传输层设计和系统应用层设计。本书编写遵循"基于工作过程系统化、项目引领、任务驱动"的原则，各学习项目再分解成若干学习任务，完整地呈现了物联网系统的开发过程。

本书结构合理、重点突出，内容全面、突出应用。书中有图片、实物照片、表格，充实了新知识、新技术、新设备、新方法。本书的应用实例来自实际开发项目，具有鲜明的实用性。本书力求使读者全面、正确地认识和了解物联网相关知识，提高分析、解决物联网工程技术实际问题的能力，并且有助于读者通过相关升学考试和职业资格证书考试。

我们将为使用本书的教师免费提供电子教案和教学资源，需要者可以到化学工业出版社教学资源网站 http://www.cipedu.com.cn 免费下载使用。

本书可以作为高职高专物联网、电子信息、通信、计算机、自动化、传感网技术等相关专业的教材，还可以供从事物联网相关工作的研究人员、工程技术人员参考。

本书由高云、华驰和秦昌琪担任主编，王瀚波和王新强担任副主编，吕菲、李慧敏、荀大勇参加编写。华驰、秦昌琪、高云编写学习情境一，高云、王瀚波、王新强、吕菲、李慧敏、荀大勇编写学习情境二，全书由华驰统稿。北京新大陆时代教育科技有限公司的工程师参与了应用案例的策划与审核，本书凝聚了各位在校老师与企业工程师的心血。

由于编者水平所限，书中难免存在不足之处，恳请各位专家和广大读者批评指正。

编者
2020 年 9 月

目录

学习情境一
物联网展示互动中心功能

　　物联网展示互动中心是集工业物联网、智慧物流、智慧超市、智慧校园、智能家居和智慧农业为一体的综合型平台，它将物联网、人工智能、云计算、大数据等最前沿的技术与传统的制造业、服务业相融合，以实景体验的方式展示物联网等最新技术在生活中的应用。通过物联网展示互动中心可以进行丰富多彩的互动体验：如通过"工业物联网"定制心仪的产品；通过"智慧物流"当一回快递员；通过"智慧校园"体验一下人脸识别的乐趣；通过"智慧超市"尝试自主购物刷脸支付；通过"智能家居"体验品质生活；通过"智慧农业"感受虚拟现实等等，在物联网展示互动中心，会让您对未来物联网生活充满无限遐想。物联网展示互动中心鸟瞰图如图 1-0-0-1 所示。

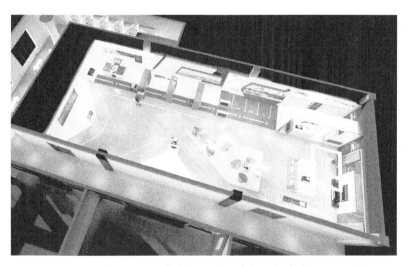

图 1-0-0-1　物联网展示互动中心鸟瞰图

　　"工业物联网"是将具有感知、监控能力的各类采集、控制传感器或控制器，以及移动通信、智能分析等技术不断融入工业生产过程各个环节，从而大幅提高制造效率，改善产品质量，降低产品成本和资源消耗，最终实现将传统工业提升到智能化的新阶段。从应用形式上，工业物联网的应用具有实时性、自动化、嵌入式（软件）、安全性和信息互通互联性等特点。

"智慧物流"是指通过智能硬件、物联网、大数据等智慧化技术与手段，提高物流系统分析决策和智能执行的能力，提升整个物流系统的智能化、自动化水平。

"智慧超市"就是在传统商城和文化商城的基础上，运用物联网、云计算、移动商务和电子商务等新兴科技手段，对传统商城进行数字化、智能化的一种嵌入和复合，就是让人与人、物与物更智能、更便捷地交流，它将给每个人的生活物品采购方式带来改变。

"智慧校园"指的是以物联网为基础的智慧化的校园工作、学习和生活一体化环境，这个一体化环境以各种应用服务系统为载体，将教学、科研、管理和校园生活进行充分融合。

"智能家居"是以住宅为平台，利用综合布线技术、网络通信技术、安全防范技术、自动控制技术、音视频技术，将家居生活有关的设施集成，构建高效的住宅设施与家庭日程事务的管理系统，提升家居安全性、便利性、舒适性、艺术性，并实现环保节能的居住环境。

"智慧农业"就是将物联网技术运用到传统农业中去，运用传感器和软件，通过移动终端或者电脑控制系统对农业生产进行控制，使传统农业更具有"智慧"。除了精准感知、控制与决策管理外，从广泛意义上讲，智慧农业还包括农业电子商务、食品溯源防伪、农业休闲旅游、农业信息服务等方面的内容。

"智能生活"是一种新内涵的生活方式，利用现代科学技术实现吃、穿、住、行等智能化，将电子科技融入日常的工作、生活、学习及娱乐中。下面我们以小明智能生活的一天为例，通过物联网展示互动中心来切实感受一下科技给人们带来的便捷。

任务一　感知工业物联网

【任务分析】

小明的好朋友小李生日就要到了，小明想给小李一个生日惊喜，他想定制一件自己设计的茶杯底座送给小李，但是网上购物平台上并没有现成的可买，于是他想到了可以利用工业物联网来定制自己的礼品。他联系到了一家可以定制产品的企业，小明通过手机 APP 网上下单。手机 APP 下单如图 1-0-1-1 所示。

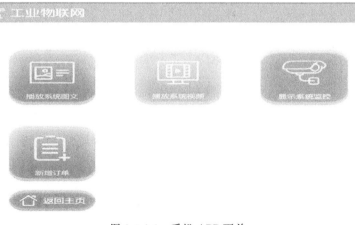

图 1-0-1-1　手机 APP 下单

企业接收到订单，根据定制要求制作模具，机器人根据模具制作产品。工业物联网实景图如图 1-0-1-2 所示。

图 1-0-1-2　工业物联网实景图

【相关知识】

世界上任何一个国家之所以能成为工业强国，其核心就是该国制造业的崛起。中国现在只是制造业大国而不是强国，所以振兴中国的制造业，是中国基本的强国富民之路。2015 年 5 月，国务院正式印发《中国制造 2025》，部署全面推进实施制造强国战略。将传统的制造业和物联网技术融合，将制造业向智能化转型，由"中国制造"升级为"中国智造"！

传统的工业物联网系统主要包括设备制造商、系统集成商、网络运营商、平台供应商和用户。传统工业物联网体系如图 1-0-1-3 所示。

图 1-0-1-3　传统工业物联网体系

根据上述描述发现，传统的工业物联网系统单向传递，结构单一，缺乏资源信息共享和海量数据分析，同时，缺少一种可即插即用，可实现系统互操作的性能。

基于大数据和云计算服务的工业物联网系统架构如图 1-0-1-4 所示。

采取无线网状网络作为监控通信系统的拓扑结构，结合网络上所有节点处于对等地位的特点，网络对于单个节点或单个链路故障有着较强的容错能力和鲁棒性。

工业物联网模块依托智能工控硬件，通过设备联网、数据采集分析应用，数据云端交互，使制造企业工厂生产透明化，可视化，排程流程可控，制造数据可查，制造信息实时掌控，帮助企业优化计划排程，提高效率，改善制程，来帮助企业降低运行成本，提高企业竞争力。

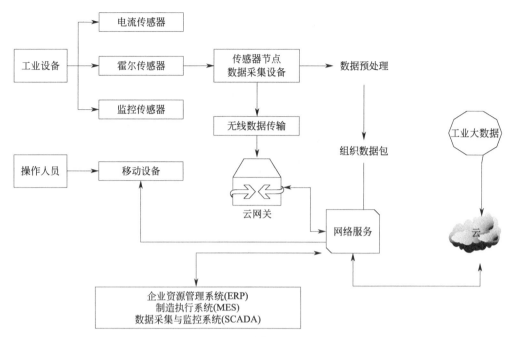

图 1-0-1-4　基于大数据和云计算服务的工业物联网系统架构

工业物联网技术即应用于工业领域的物联网技术。基于工业物联网技术，可以实现在工业生产的过程中融入现代化，通过具有感知、监控能力的传感器和控制器，继而实时采集数据，并智能分析、移动通信，以实现工业制造水平的提升，提高所制造产品的质量，同时也提高生产效率，降低资源消耗，实现传统工业制造的智能化转变，使企业的生产和经营水平实现质的突破。工业物联网技术从应用现状观察，呈现出了鲜明的安全性、实时性、自动化、嵌入式、互通性以及互联性等诸多优点。

【任务实施】

一、熟悉工业物联网控制中心

（一）工业物联网主控界面

它由"揭开智能制造的面纱""传统工程升级智慧工厂的问题"和"体验智能制造的世界"三部分组成，如图 1-0-1-5 所示。

（二）工业物联网控制中心主页

在工业物联网控制中心主页的左边，可以看到工业物联网工作的流程图，在主页的右边能观察到目前工业机器人的工作状态，主要由温度、湿度、电表数据、加工的图案、今日加工合格率、当前工作状态以及检测结果组成，如图 1-0-1-6 所示。

（三）工业物联网下单中心

在工业物联网下单中心，可以看到加工图案、下单件数、当前库存以及加工的详细情况，如图 1-0-1-7 所示。

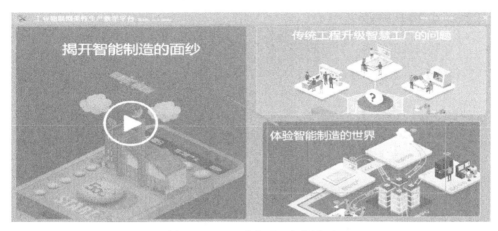

图 1-0-1-5 工业物联网主控界面

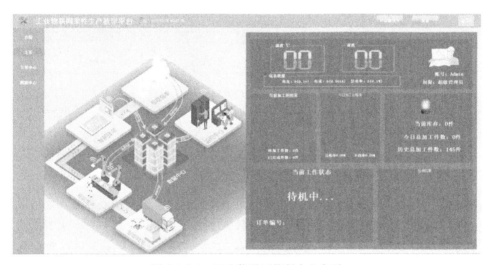

图 1-0-1-6 工业物联网控制中心主页

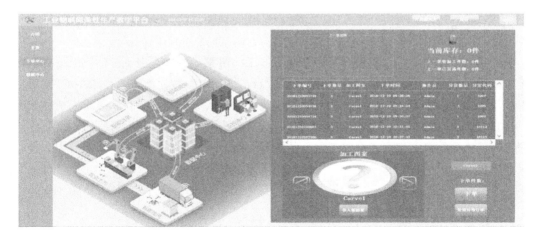

图 1-0-1-7 工业物联网下单中心

（四）工业物联网数据中心

在工业物联网数据中心，可以看到今日加工记录表、历史加工记录表、入库记录表等，如图 1-0-1-8 所示。

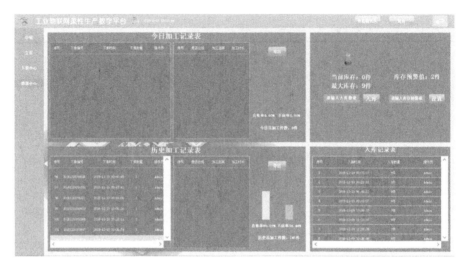

图 1-0-1-8　工业物联网数据中心

二、工业物联网的操作

（一）进入控制中心界面

点击主界面上的"体验智能制造的世界"页面按钮，进入控制中心界面。控制中心界面主要分为 4 个页面：介绍、主页、下单中心、数据中心。其中"介绍"页面主要以图片形式展示与工业物联网柔性生产教学平台相关的内容；"主页"页面主要显示硬件数据信息，以及当前订单信息等；"下单中心"页面主要显示队列中待处理的订单，以及电脑下单操作页面；"数据中心"页面主要展示今日加工信息、历史加工信息以及库存信息等。

（二）下单

首先进入下单中心，在加工图案中选择待加工的图案，接着点击下单件数的下拉框，选择要"下单"的工件个数（默认是 1 件），最后点击"下单"按钮即可，如图 1-0-1-9 所示。

如果提示库存不足，则无法进行下单，这时应该进入数据中心。在库存面板中的编辑框里，根据仓库实际的库存数量输入库存件数，然后点击"入库"按钮即可完成入库操作。请注意输入的入库数量一定要跟仓储中实际的数量一致，比如当前仓储中剩余工件为 2 件，随后又放入了 3 件，则这时在入库界面上输入的入库工件个数是 3 件。数据中心如图 1-0-1-10 所示。

（三）开启激光头

程序启动时默认雕刻机的激光头处于关闭状态，如果需要在雕刻过程中打开激光头进行实际雕刻，请点击界面上的"开启激光头"按钮。如图 1-0-1-11 所示。

图 1-0-1-9　下单

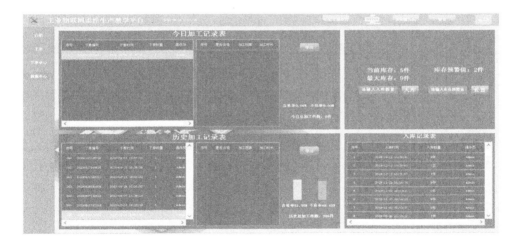

图 1-0-1-10　数据中心

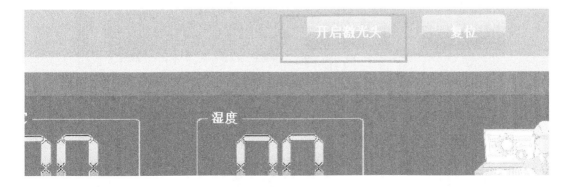

图 1-0-1-11　开启激光头

（四）更换加工图案

进入下单中心，在控制面板上点击"导入新图案"按钮，随后会弹出选择待导入图案的对话框窗口，在对话框窗口找到要导入的图案，选择并点击"打开"即可完成新图案导入操作。

这里要注意的是，新导入的图案只支持 png 格式的图案，且图案有固定的命名格式，命名格式是"Carve＋图案编号"。默认图案为 4 个，如要更换第 5 个图案，则只能导入名称为 Carve5 的图案，所以在设计新图案时要注意命名格式。如图 1-0-1-12 所示。

图 1-0-1-12　导入新图案

（五）异常订单处理

在订单加工处理过程中，会因为某些原因，如硬件驱动异常，库存不足等原因，造成某个订单加工异常，则这时订单记录列表中会显示所有有异常的订单以及对应的异常代码，如果要处理这些异常订单，请在下单中心的操作面板上点击"处理异常订单"按钮，即可完成对所有异常订单的处理。如图 1-0-1-13 所示。

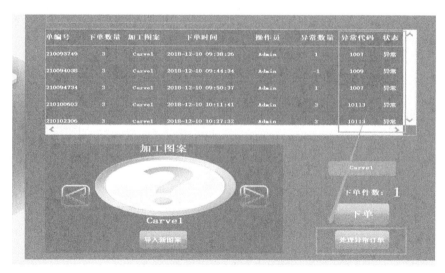

图 1-0-1-13　异常订单处理

（六）出库

在订单加工处理过程中，会在主页的当前工作状态中显示正在出库，并且会显示该订单的订单编号，同时也可以看到当前加工的图案。出库情况显示如图 1-0-1-14 所示。

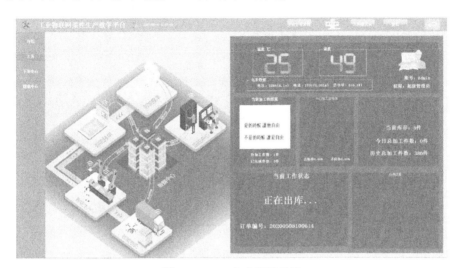

图 1-0-1-14　出库情况显示

（七）工件运输

工件制作完成后，工业机器人会将工件放到视觉检测模块进行检测。若产品合格，则会贴上"新"字；若产品不合格，则会贴上"陆"字。最后，工业机器人的机械臂会抓起完工后的工件，放到智慧物流的运输车上进行运输。工件运输显示界面如图 1-0-1-15 所示。

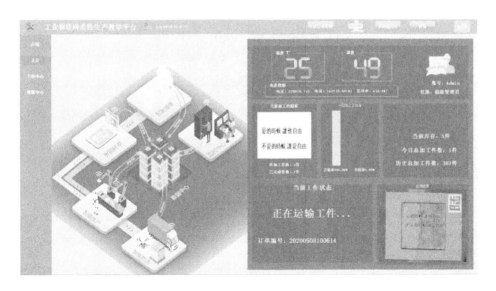

图 1-0-1-15　工件运输显示界面

三、工业物联网的后台监控及成品展示

（1）通过后台可以监控工业物联网的整个工作状态，如图 1-0-1-16 所示。

图 1-0-1-16　工业物联网的后台监控

（2）经过工业物联网智能制造的具体操作，可以完成产品的制作。成品展示如图
1-0-1-17 所示。

图 1-0-1-17　成品展示

任务二　感知智慧物流

【任务分析】

　　小明通过工业物联网定制的礼品已经完成了，生产企业通知快递员小王来取件，小
王收到取件信息后前去收件，然后将快件入库。智慧仓储系统会将快件根据不同类型
进行智能区分，并将快件上架。需要运输时，将快件下架，然后利用海陆空等各种运

输工具将快件运输出去，最终到达目的地后由快递员派送。智慧物流实景图如图1-0-2-1 所示。

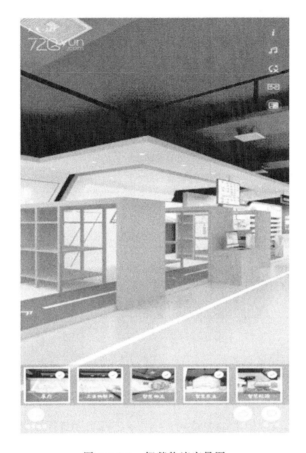

图 1-0-2-1 智慧物流实景图

【相关知识】

IBM 于 2009 年提出了"智慧供应链"的概念，即建立一个面向未来的，具有先进、互联和智能三大特征的供应链，通过感应器、RFID 标签、制动器、GPS 和其他设备及系统生成实时信息，"智慧物流"的概念由此引申而出。与智能物流强调构建一个虚拟的物流动态信息化的互联网管理体系不同，"智慧物流"更重视将物联网、传感网与现有的互联网整合起来，通过以精细、动态、科学的管理，实现物流的自动化、可视化、可控化、智能化、网络化，从而提高资源利用率和生产力水平，创造更丰富的社会价值的综合内涵。

传统物流业务体系架构如图 1-0-2-2 所示。随着信息技术的发展和广泛应用，传统物流必须进行升级换代，以适应新时代的要求。智慧物流系统从本质上来说是新技术与传统物流系统的融合，采用物联网、大数据、RFID 等新一代技术，构建智慧化的物流体系和物流平台。

基于物联网的智慧物流业务体系框架如图 1-0-2-3 所示。

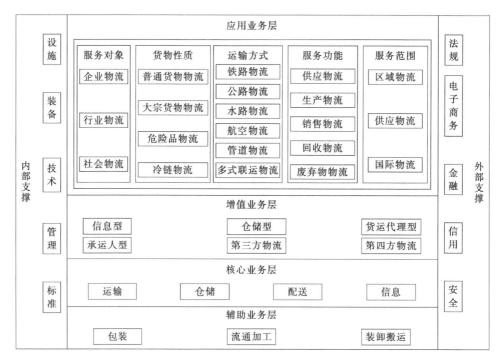

图 1-0-2-2　传统物流业务体系架构

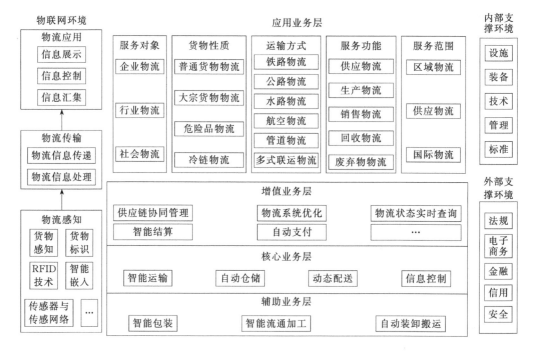

图 1-0-2-3　基于物联网的智慧物流业务体系框架

　　通过物流业务体系框架就可以看出智慧物流与传统物流的区别，具体来说，智慧物流主要是通过各个业务层次，运用先进的信息化技术、设备，并进行有效的物流信息获取、传递、处理、控制和展示，实现了整个系统的智能化，从而提高了整个系统的运行效率。

　　智慧物流通过构建包括思维系统、执行系统和信息传导系统，实现三维体系的多功能化。思维系统是核心，它通过优化算法和整合算力，对大数据进行挖掘与分析，以数据流程化模式得出决策指令；通过机器人、无人驾驶、无人机等自动化的工具与设备，执行系统自动执行思维系统给出的物流决策指令；信息传导系统就是智慧物流的数据传递系统，依靠现代信息技术把前两个系统联系起来，融合形成了智慧物流体系。智慧物流系统的作用与功能如图 1-0-2-4 所示。

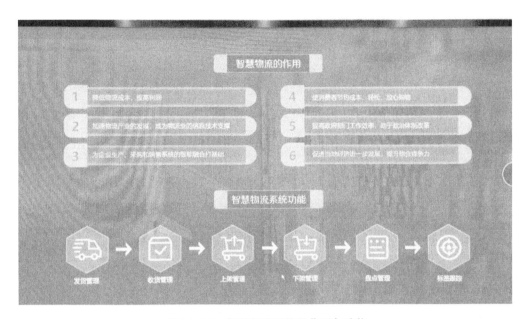

图 1-0-2-4　智慧物流系统的作用与功能

　　智慧物流在物理体系框架上分为以下三层。

　　（1）感知层（数据获取）。这一层是物流系统对运输中的货物进行感知的基础，是智慧物流的起点。常用到的感知技术包括条形码技术、无线射频识别技术、传感技术、全球定位技术、红外感知技术、语言感知技术、机器视觉感知技术等。

　　（2）网络层（决策分析）。网络层是智慧物流体系的神经中枢。它利用大数据、云计算等技术，对从感知层中收集到的海量数据进行分类、挖掘并计算，进而形成决策命令，并将指令下达给应用层。

　　（3）应用层（指令执行）。应用层是智慧物流体系中的应用执行机构或机制。整个智慧物流系统就是一整套由信息技术与优化算法搭建的完备智能体系。该体系充分体现了物流系统的信息化、自动化、可视化、可控化、智能化。

🖐【任务实施】

一、利用智慧物流完成产品派送

　　（1）收件。用户新增订单后，在快递员的 PDA 端会出现等待收件的订单，然后对快递单进行添加 RFID 和收件操作。订单显示如图 1-0-2-5 所示。

图 1-0-2-5　订单显示

（2）入库。当已收件的物品被快递员送至快递站点时，在入库信息上会显示该订单信息，点击"入库"按钮，进行入库操作。入库操作如图 1-0-2-6 所示。

图 1-0-2-6　入库操作

（3）上架。快递站的工作人员，将已入库的物品，放入货架上，上架界面则会显示该物品的信息，点击"上架"按钮进行上架操作。上架操作如图 1-0-2-7 所示。

（4）下架。当快递单成功上架后，在"物流分拣控制台会"界面出现该订单信息，状态为"已上架"，在该订单右上角进行选中操作，点击"录入下架信息"，则该订单状态会变为"已下架"。在状态为"已下架"的订单上点击"取消"按钮，状态会变更为"已上架"。下架操作如图 1-0-2-8 所示。

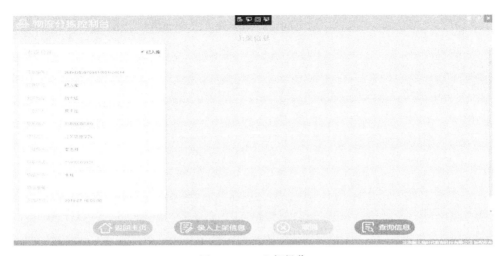

图 1-0-2-7　上架操作

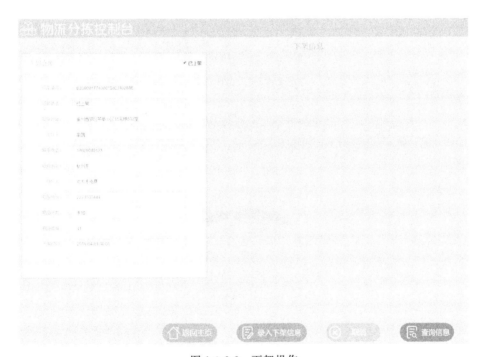

图 1-0-2-8　下架操作

（5）出库。当快递单成功下架后，在出库功能中会出现该订单信息，状态为"已下架"，勾选该订单右上角进行选中操作，点击"录入出库信息"，则该订单状态会变为"已出库"。在状态为"已出库"的订单上点击"取消"按钮，状态会变更为"已下架"。出库操作如图1-0-2-9所示。

（6）派送。当货物到达终点站时，PDA端派件选项中的待派件数会＋1。进入"派件"界面，扫描快递的 RFID 进行派件操作。派送显示如图 1-0-2-10 所示。

二、智慧物流后台监控显示

通过前面介绍的收货、入库、上架、下架、运输、中转、派送、收件等一系列操作后，

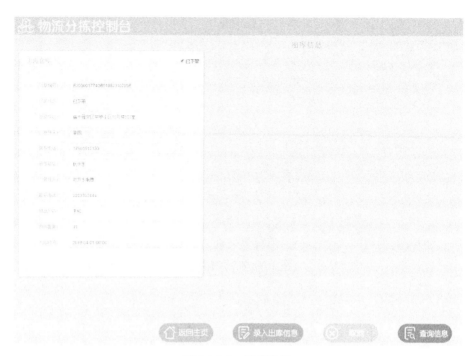

图 1-0-2-9   出库操作

图 1-0-2-10   派送显示

快件最终顺利送达客户手中。通过智慧物流后台可以实时监控快件状态，如图 1-0-2-11 所示。

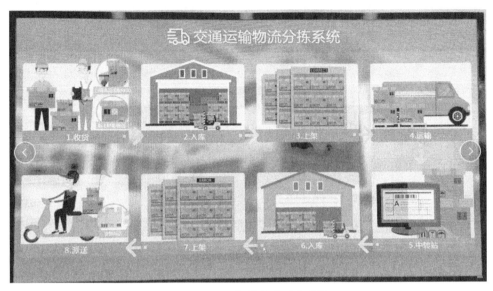

图 1-0-2-11　智慧物流后台监控

任务三　感知智慧超市

【任务分析】

小明接到快递员小王电话，告知快递已到，但是小明正在上课，于是小明让小王将快递送到附近的智慧超市。下课后，小明通过人脸识别完成注册后进入智慧超市，通过智能机器人找到了自己的快递，并在超市里购买了一些新鲜的瓜果蔬菜，然后来到自主结算柜台前，通过人脸识别确认后，手机扫码支付，完成付款后顺利地离开了超市。"智慧超市"实景图如图 1-0-3-1 所示。

【相关知识】

智慧超市是在传统超市的基础上，运用物联网、云计算、人工智能、移动商务和电子商务等新兴科技手段，对传统商城进行数字化、智能化的嵌入和复合，就是让人与人、物与物之间更智能、更便捷地交流，它将给每个人的生活采购方式带来改变。智慧超市正让城市越来越"聪明"，百姓的生活采购越来越"便捷"。

基于物联网技术的智慧商场超市管理系统，是集射频识别（RFID）、传感器感应、目标定位、激光扫描、无线网络等技术为一体，按照特定的通信传输协议及传输线路与服务器相连接，进行数据信息的交互，从而实现对商品的识别、定位、跟踪、监控、管理及信息更新等，同时可实现对用户购物导航、虚拟购物和自助结账等功能，为现代智慧超市系统的发展提供技术支撑。

整个系统可分为感知层、传输层和应用层。在感知层分布各类传感器，包括监控环境的温湿度、烟感、红外等传感设备，可实现商品定位及导航服务的距离测试仪器，以及电子标

图 1-0-3-1 "智慧超市"实景图

签与读卡器等，感知层通过电子标签记录商品信息；传输层主要为通信网络，包括有线和无线，主要负责将传感器采集的信息传输至服务器；应用层也叫用户层，用户可通过终端设备实现商品的管理、导航及监控等功能。智慧超市系统分层图如图 1-0-3-2 所示。

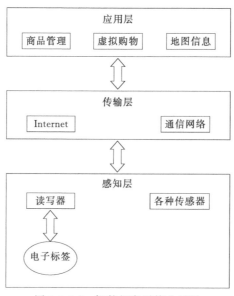

图 1-0-3-2 智慧超市系统分层图

【任务实施】

一、智慧超市购物体验

(一) 进店

通过人脸识别系统进入无人智慧超市，若是未注册的用户，则系统会提示注册，根据操作步骤注册成功后，可通过刷脸进入无人智慧超市，挑选商品。人脸识别系统如图 1-0-3-3 所示。

图 1-0-3-3　人脸识别系统

(二) 结算支付

1. 主界面

在自动付款机前，点击"智能自助结算系统"，会来到该系统的主界面，如图 1-0-3-4 所示。

2. 结算

将商品放入结算平台后，系统会自动识别需要结算的商品，"结算"界面随商品放入与拿出将会及时变动显示信息，如图 1-0-3-5 所示。

图 1-0-3-4　"智能自助结算系统"主界面

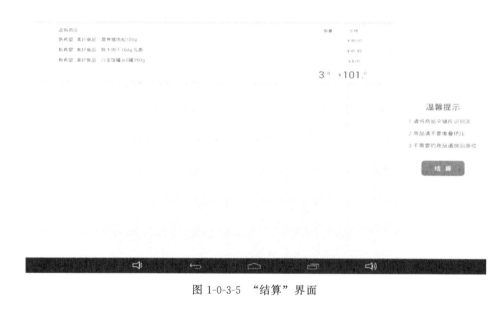

图 1-0-3-5　"结算"界面

3. 扫码支付

当用户需要结算时，点击"结算"按钮进入"扫描支付"界面后，"扫描支付"会根据系统设置自动显示二维码，此时商品列表只显示要进行扫描支付的商品，不再随商品的放入与取出变化，"扫码支付"界面如图 1-0-3-6 所示。

用户通过扫码支付系统，支付完成后会有语音提示，此时用户可拿走商品，随后 APP 进入主界面等待下一位用户进行结算。

4. 支付超时与取消

支付过程中，APP 会对用户支付时间进行限制，当支付限时已到后，会弹出提示界面，

图 1-0-3-6 "扫码支付"界面

由用户选择"取消订单"或者"继续支付"。

若用户选择"取消订单",则此次订单取消,APP回到主界面等待下一次结算;若用户选择"继续支付",则会重新进行支付计时,等待用户进行支付。"取消订单"与"继续支付"界面如图 1-0-3-7 所示。

图 1-0-3-7 "取消订单"与"继续支付"界面

(三) 防盗系统

当有人未结账而将商品拿离智慧超市时,系统会触发报警,并进行抓拍,如图 1-0-3-8 所示。

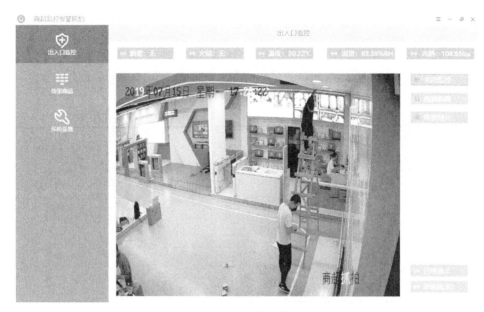

图 1-0-3-8　商超监控报警抓拍系统

二、智慧超市后台监控

在智慧超市后台监控系统中，既可以看到今日交易额、本月交易额、年度交易额和累计交易额等具体信息，又便于对整个超市的监控。智慧超市后台监控系统如图 1-0-3-9 所示。

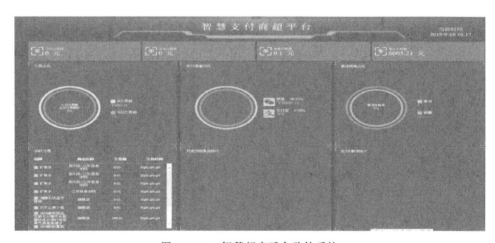

图 1-0-3-9　智慧超市后台监控系统

任务四　感知智慧校园

【任务分析】

小明拿着礼品和刚从智慧超市中购买的瓜果蔬菜回到了学校。当他走到校门口的门禁位置时，墙上的 LED 屏上显示出了小明的头像和验证通过信息，然后小明顺利地来到了车库，准备开车回家。当他的车行驶到校门口时，墙上的 LED 屏上又显示出了该车的车牌号、颜色、车主姓名等信息，还显示了目前学校剩余的车位和所在位置。智慧校园实景图如图 1-0-4-1 所示。

图 1-0-4-1　智慧校园实景图

【相关知识】

智慧校园是指以促进信息技术与学校教学融合，提高学与教的效果为目的，以物联网、云计算、大数据分析等新技术为核心技术，提供一种能全面感知、智慧型、数据化、网络化、协作型一体化的教学、科研、管理和生活服务，并能对学校教学、教育管理进行洞察和预测的智慧学习环境。智慧校园＝1 个数据中心＋智慧校园基础设施 ＋八类智慧校园应用系统＋智慧性资源。其中，八类智慧校园应用系统分别是：学生成长类智慧应用系统、教师专业发展类智慧应用系统、科学研究类智慧应用系统、教育管理类智慧应用系统、安全监控类智慧应用系统、后勤服务类智慧应用系统、社会服务类智慧应用系统、综合评价类智慧应用系统 。

智慧校园的构建应体现在具有稳定、高速、便捷的网络环境，能够随时随地接入互联网；提供良好的数据环境，能够科学地组织各类信息资源和服务；具备智能、综合的信息服务联网环境，能够在人与人、人与物、物与物之间互相交换服务需求信息。因此，智慧校园建设的主要内容应包括以下几个方面。

（一）智能化的网络基础设施建设

网络基础设施建设是智慧校园建设的基础性、先导性工作。智慧校园的一个核心特点就是信息的相关性，即能够在任何时间、任何地点和任何人、任何物进行交互沟通信息。为了达到此要求，智慧校园必须具备的一个重要前提就是稳定、高速、便捷的网络环境。可采用有线网络与无线网络相结合的双接入网络覆盖架构，同时辅以移动网络作为补充，各网络间无缝融合。这样的网络结构灵活且扩展性好，能够提供固定的或移动的网络应用环境，支持安全多样的网络接入方式。

网络基础设施建设的重点是校园网络硬件基础的搭建。地理范围应该覆盖全校教学、科研、办公楼宇和教师、学生生活区，同时应具有可扩展性，能够随着校园的开发扩大而扩展网络覆盖范围，不断提高网络利用率。

根据逻辑结构可以将校园网络划分为主干网和接入子网两部分。主干网主要考虑区域网络接入和大负荷接入节点的网络接入要求。接入子网主要考虑两类情况：一类是有特殊用途的接入，如数据中心子网、网络中心子网等服务器子网的接入；另一类是普通的联网接入，如办公子网、宿舍楼子网等。其网络拓扑结构如图 1-0-4-2 所示。其中，手机终端无线上网使用无线应用协议来浏览网络，通过 WAP 网络可以轻松、方便地浏览网页、收发电子邮件、浏览或下载文件，并进行互动交流。

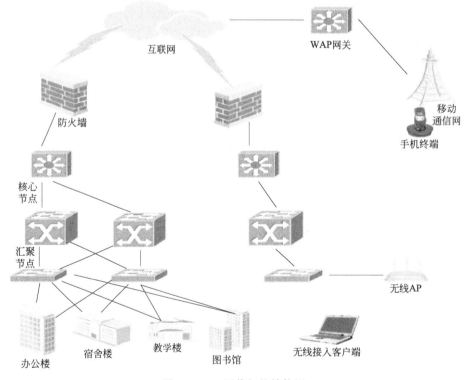

图 1-0-4-2　网络拓扑结构图

（二）云计算平台

智慧校园想要拥有"智慧"，最核心的是形成强大的数据采集、存储、处理和服务系统。云计算平台是支撑智慧校园的高集成、高效率、高智能的网络数据平台，它结合虚拟化技术，是以网络为载体，提供基础架构、平台、软件等服务，整合大规模可扩展的计算、存储、数据、应用等分布式计算资源，进行协同工作的超级计算模式。在这种模式中，云计算可以把大量用网络连接的计算和存储资源管理起来，构成一个大的计算资源池，向用户统一提供按需服务。

云计算（Cloud Computing），其实就是一种基于互联网的计算方式。"云"就是计算机群，每个计算机群由几十万台甚至几百万台计算机组成，这些计算机可以随时更新。这种计算方式能够按照用户端的需求提供共享的信息和软硬件资源，方便、快捷地实现不同设备间的数据与应用共享，并且对用户端的设备要求低，用户端无需增加基础设施的投入，或者进行使用培训。云计算的整个运行方式如同电网，就像用电不要求家家户户装备发电机，而是直接从电力公司购买一样，使用网络也可以取用方便，费用低廉，只不过不是通过电线传输，而是通过互联网传输。

在智慧校园的云计算模式中，处理数据的存储和应用软件的运行并不是在用户的终端设备上，而是在互联网的大规模服务器集群中，由云计算的服务提供商负责管理和维护这些数据的安全和程序的正常运行，这样就大大提升了用户终端的计算能力和存储空间，用户可以随时随地通过互联网访问存储和读取数据、使用软件等，这就是云计算提供的云服务。

在校园中建设云计算平台，首先要构建一个坚固的 IT 基础架构，并且此架构应具备快速扩展的灵活性和高可靠性。为此，学校要对基础架构所包含的各方面有一个集中统一的格局设计，即整个后台应包括服务器架构和选型、存储和备份的体系，以及操作系统、容灾体系等，同时还要构建自动化、智能化的数据中心管理系统和适用于云环境的应用交付系统，才能减少安全隐患，提升可靠性。

（三）物联感知系统

智慧校园中的物联感知系统，其实就是运用物联网技术将基础设施与信息网络融合在一起，它强调学校是一个整体融合的系统，不是若干功能的简单叠加，学校中的人、资源、通信、楼宇、道路等虽是分别建设的领域，但是实际上是紧密联系、彼此影响、相互促进的整体中的各个部分。

物联网（The Internet of Things），即物与物之间互联的网络，是指通过射频识别（RFID）、红外感应器、全球定位系统、激光扫描器等信息传感设备，按约定的协议，把物品与互联网相连接，进行信息交换和通信，以实现智能化识别、定位、跟踪、监控和管理的一种网络。概括地讲，物联感知系统有两层涵义：①物联感知系统的核心和基础是互联网，它是在互联网基础上扩展延伸出来的网络系统；②物联感知系统是任何物品与物品之间进行信息交换，也就是物与物之间信息交互的网络系统。智慧校园物联感知系统能够应用于教学技术、学生管理、后勤保障服务等，其内容应包括基础物联网络环境、楼宇能耗监控网络系统、平安校园网络管理系统、自助图书网络管理系统等。

⚡【任务实施】

一、利用 AI 智能摄像头，构建安全校园环境

（一）人脸识别系统

1. 人员编辑

进入 IntelligentMonitor 文件夹，打开 IntelligentMonitor.exe 文件，运行人脸识别系

统，点击右上角的"头像"图标进入"人员信息"界面。通过"新增人员"功能对人员信息进行新增，其中信息包含：学号、角色、姓名、性别、学院、年级、专业及头像等，其中头像必须为真实头像。通过点击"编辑"图标可进入人员编辑界面，对已新增的人员信息进行修改，通过点击"删除"图标，可对人员信息进行删除操作。人员信息编辑及新增人员信息如图 1-0-4-3、图 1-0-4-4 所示。

图 1-0-4-3   人员信息编辑

图 1-0-4-4   新增人员信息

2. 生成特征码

人员信息录入完毕后，插入并运行"加密狗"，点击右上角的"特征码生成"按钮，生成特征码（人员头像必须为真实头像方可生成特征码），提示"成功"后完成人员信息录入操作，点击右下角"返回"按钮返回首页。

3. 人脸识别监控实录

当智慧校园系统未采集到相关人员数据时，在监控中会显示未知人员，如图 1-0-4-5 所示。

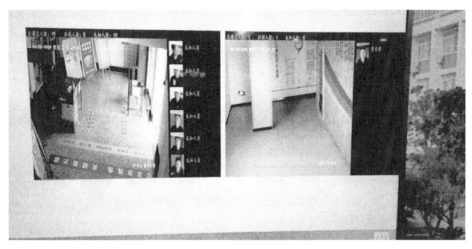

图 1-0-4-5 人脸识别系统监控实录（未识别）

当相关人员数据被系统采集后，进入到 AI 摄像头范围内，会被系统自动识别确认，如图 1-0-4-6 所示。

图 1-0-4-6 人脸识别系统监控实录（识别）

（二）车位识别系统

进入 Debug 文件夹，打开 MarkingTool. exe 文件并运行车位识别系统，点击右上角"编辑"图标进入车位划分功能。要求先插入"加密狗"，然后选择需要进行车位划分的摄像头 Release1 或 Release2，点击"配置"按钮，进入划分车位操作，通过拖动鼠标画出红框，表示车位范围，画几个红框，就表示有几个车位，完成后点击"保存"即可。车位识别系统的参数配置和监控实录如图 1-0-4-7、图 1-0-4-8 所示。

图 1-0-4-7　车位识别系统的参数配置

图 1-0-4-8　车位识别系统的监控实录

二、智慧校园后台监控

通过智慧校园后台监控，可以看到人脸识别结果和车牌识别结果，以及很直观地看出目前车位总数、剩余总数等详细信息，智慧校园后台监控如图 1-0-4-9 所示。

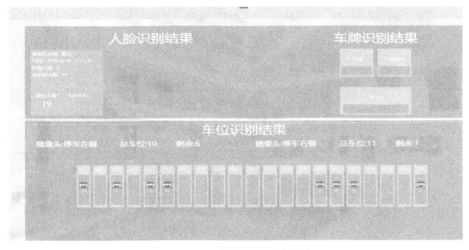

图 1-0-4-9 智慧校园后台监控

任务五 感知智能家居

【任务分析】

小明开车回到了家中，当他打开门的时候，发现家里的灯光已经亮起，窗帘已经打开，室内温度已经被调节到最舒适的状态，原来当小明的车经过自家车库时，AI 摄像头已经将主人回家的命令传达给了家里的各种智能设备。

小明有些疲惫地坐在沙发上，这时候智能机器人"旺仔"及时地向他移动了过来，它将已经泡好的一杯香气四溢的咖啡送给小明喝。小明一边喝着咖啡，一边对着"旺仔"说，播放我最喜欢的音乐吧，伴随着优雅的旋律，小明一会儿就睡着了。这时候家里的灯光全部熄灭，窗帘也自动地拉上了，"旺仔"悄悄地调低了歌曲的声音，轻音乐伴随着小明淡淡的鼾声在房间回响。智能家居实景图如图 1-0-5-1 所示。

【相关知识】

智能家居是以住宅为平台，利用综合布线技术、网络通信技术、安全防范技术、自动控制技术、音视频技术等，将家居生活有关的设施集成起来，构建高效的住宅设施与家庭日程事务的管理系统，以提升家居安全性、便利性、舒适性、艺术性，并实现环保节能的居住环境。

智能家居是在互联网影响之下物联化的体现。智能家居通过物联网技术，将家中的各种设备（如音视频设备、照明系统、窗帘控制、空调控制、安防系统、数字影院系统、影音服务器、影柜系统、网络家电等）连接到一起，提供家电控制、照明控制、电话远程控制、室内外遥控、防盗报警、环境监测、暖通控制、红外转发，以及可编程定时控制等多种功能和手段。与普通家居相比，智能家居不仅具有传统的居住功能，还兼备建筑、网络通信、信息家电、设备等的自动化，提供全方位的信息交互功能，甚至能为各种能源节约费用。

在智能家居中，智能手机或平板电脑、中央控制器以及摄像头等，通过 WiFi 连接到服务器，子控制器通过 ZigBee 协议连接到中央控制器。子控制器接收 Android 控制终端发过

图 1-0-5-1　智能家居实景图

来的控制指令，以完成各种控制功能，同时将传感器检测到的各种信息反馈到 Andoid 控制终端上，从而实现用户使用智能移动终端，通过中央控制系统对家中各种家用电器的远程控制和管理。智能家居网络控制系统如图 1-0-5-2 所示。

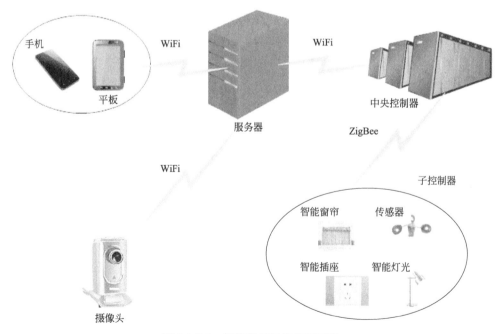

图 1-0-5-2　智能家居网络控制系统

【任务实施】

一、利用智能家居，体验品质生活

1. 添加设备

（1）手机上下载并安装"智家 365"APP，然后打开软件，点击主页右上角"＋"号图标，进入添加设备的页面，如图 1-0-5-3 所示。

图 1-0-5-3　添加设备的页面

（2）选择需要添加设备的类型，如图 1-0-5-4 所示。

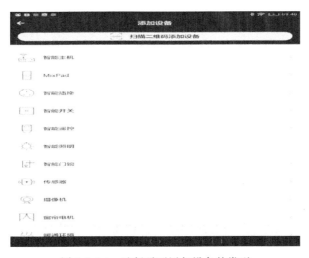

图 1-0-5-4　选择需要添加设备的类型

（3）选定需要添加的设备类型，然后按照提示添加设备，如图 1-0-5-5 所示。

图 1-0-5-5　添加设备

图 1-0-5-6　功能使用（1）

2. 功能的使用

打开安卓手机端的 apk "智家 365"，登入账号，主页就会显示当前配置的所有设备，灯光可进行开关操作；门锁有门锁记录和授权临时密码功能；云摄像机可对摄像机进行移动、拍照、对讲等操作；可对电视、空调进行操控；对音响可进行播放、音量等操作。如图 1-0-5-6～图 1-0-5-8 所示。

图 1-0-5-7 功能使用（2）

图 1-0-5-8 功能使用（3）

二、智能家居后台监控

通过智能家居的后台，可以监控实时的温度、湿度、空气质量、PM2.5指数等信息，也可以通过各类传感器感知家庭中是否水浸，以及一氧化碳、可燃气体、烟雾等指标是否正常。智能家居后台监控如图1-0-5-9所示。

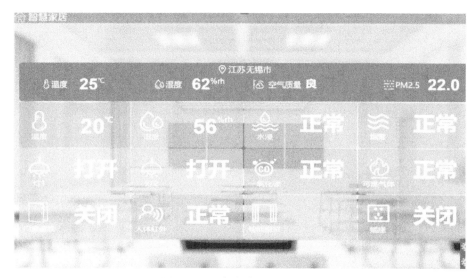

图 1-0-5-9　智能家居后台监控

任务六　感知智慧农业

【任务分析】

小憩一会儿后，小明来到厨房准备做晚餐，当他拿起刚从超市买回来的瓜果蔬菜时，突然想知道它们是否是绿色无公害的，于是，小明扫描了蔬菜袋子上的二维码，穿戴上VR设备后，通过云平台来到了蔬菜生产基地，实地、立体、完整地查看了蔬菜的整个种植过程。确定买的蔬菜是纯天然无污染的，小明悬着的心放了下来，开心地做晚餐了。"智慧农业"界面如图1-0-6-1所示。

【相关知识】

中国是一个农业大国，农业作为国家的第一产业，其以土地资源为生产对象，支撑着国民经济的建设和发展。而现今中国的农业仍然存在着生产效率低、土地产出率低，以及农作物化学产品使用过量造成污染和浪费等问题。与此同时，伴随着传统农业人员老龄化加剧，年轻一代也因为受农业的传统印象影响而更热衷于从事其他行业，致使国内农业人工成本逐年提高。

随着移动互联网、人工智能、云计算和物联网等技术的兴起，智慧农业应运而生。智慧农业就是将物联网技术运用到传统农业中，运用传感器和软件，通过移动平台或者电脑平台对农业生产进行控制，使传统农业更具有"智慧"。智慧农业的出现有望改变现有的农业生产方式，促进农业发展，推动农业改革。但是，由于我国的智慧农业

图 1-0-6-1　"智慧农业"界面

才刚刚起步，能够掌握现代信息技术成果，如集成应用计算机与网络技术、物联网技术、音视频技术、3S 技术、无线通信技术等方面的人才十分紧缺，而且熟悉这些技术的人员通常对农学的了解又很少，而熟悉农学的人往往对这些新兴技术又不擅长。现代农业的发展趋势是高度的知识化、社会化、国际化、专业化、规模化，如何在农学专业中普及现代信息技术成果，为国家培养高技能的农业人才，是智慧农业职业教育所要思考的首要问题。

"智慧农业"是人工智能、云计算、传感网、3S 等多种信息技术在农业中综合、全面的应用，从而实现更完备的农业信息化基础、更透彻的农业信息感知、更集中的数据资源、更广泛的互联互通、更深入的智能控制等。人工智能技术在农业中的应用，主要是利用计算机视觉、图像处理以及深度学习等技术，实现植物识别和杂草预测、作物产量预测、气候预测、病虫害防治等。

"智慧农业"也是国家农业现代化发展的必然趋势，物联网、云计算等技术的应用，打破了农业市场的时空地理限制，农资采购和农产品流通等数据将会得到实时监测和传递，可以有效解决信息不对称问题。智慧农业与现代生物技术、种植技术等高新技术融合于一体，对建设现代化农业具有重要意义。我国智慧农业的快速发展，已经初步形成了政府引导、社会支持、市场推动和农民投入的良性运行机制。当前我国智慧农业有丰富的资源、成熟的技术和广阔的市场，具备了进一步发展的基础，也蕴藏着巨大的潜力。智慧农业系统拓扑图如图 1-0-6-2 所示。

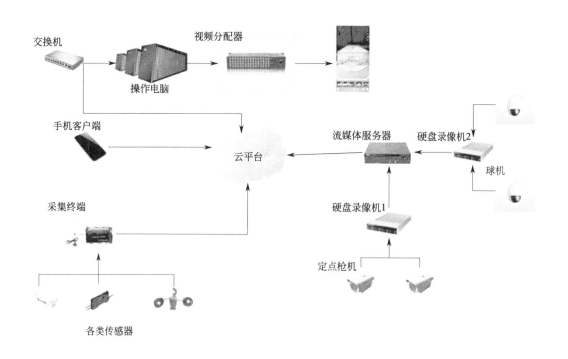

图 1-0-6-2   智慧农业系统拓扑图

【任务实施】

一、利用云平台，体验智慧农业

（一）云平台简介

物联网云平台也叫做物联网开放平台，是基于智能传感器、无线传输、大规模数据处理与远程控制等物联网核心技术，与互联网、无线通信、云计算大数据技术高度融合开发的一套物联网云服务平台，是集设备在线采集、远程控制、无线传输、数据处理、预警信息发布、决策支持、一体化控制等功能于一体的物联网系统。用户及管理人员可以利用物联网云平台，通过手机、平板电脑、计算机等信息终端，实时掌握传感设备信息，及时获取报警、预警信息，并可以手动/自动的方式调整、控制设备，最终使传统的管理变得轻松、简单。物联网云平台也是针对物联网教育、科研推出的，旨在提供开放的物联网云服务的教学平台。物联网开放平台首页如图 1-0-6-3 所示。

（二）云平台连接

物联网应用软件开启时一般就能够自动连接到云平台，若自动连接失败，则请使用手动连接。

图 1-0-6-3 物联网开放平台首页

（1）自动连接成功，如图 1-0-6-4 所示。

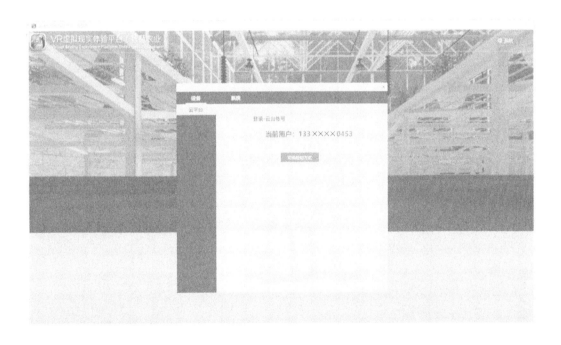

图 1-0-6-4 自动连接成功

（2）选择连接方式，如图 1-0-6-5 所示。

（3）手动连接，如图 1-0-6-6 所示。

（三）使用 VR 设备，真实体验智慧农业

物联网云平台成功登录后，使用专业的 VR 眼镜，可以体验云平台中的各项功能。物联网云平台智慧农业 VR 体验中心如图 1-0-6-7 所示。

目前，智慧农业通过 VR 虚拟设备可以体验的主要功能有：大棚类型、大棚结构、大棚

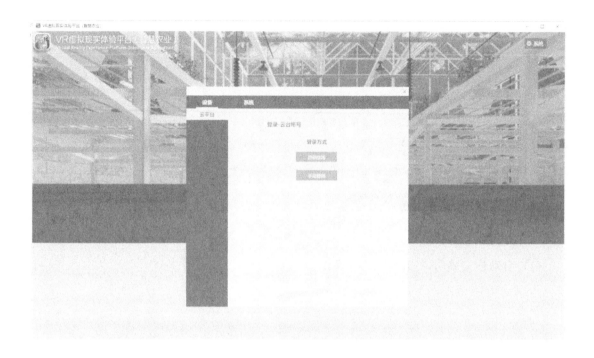

图 1-0-6-5   选择连接方式

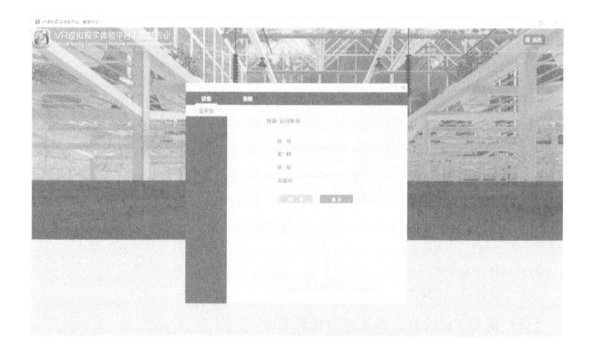

图 1-0-6-6   手动连接

图 1-0-6-7　智慧农业 VR 体验中心

设备、功能展示、设备安装和数据采集。智慧农业主要功能如图 1-0-6-8 所示。

图 1-0-6-8　智慧农业主要功能

（1）大棚类型：主要由大棚一号、大棚二号、大棚三号组成，每个大棚的结构均不相同，大棚类型如图 1-0-6-9 所示。

（2）大棚结构：进入大棚结构后，可以观察大棚的各项组成，如连续墙基、立柱、温室覆盖结构、上层支撑骨架、室外遮阳、天沟、玻璃隔断、湿帘等。大棚结构如图 1-0-6-10 所示。

图 1-0-6-9　大棚类型

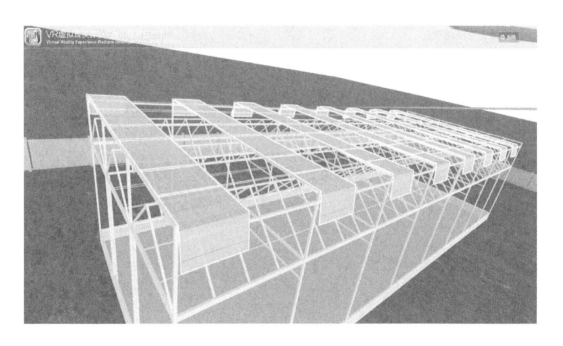

图 1-0-6-10　大棚结构

（3）大棚设备：主要由模拟量采集模块、数字量采集模块、继电器、智能网关、土壤水分湿度传感器、ZigBee 光照度传感器、二氧化碳变送器、喷灌、补光灯、风机、室内外遮阳、风速传感器、风向传感器、大气压力传感器和 PC 主机组成。大棚设备如图 1-0-6-11 所示。

图 1-0-6-11　大棚设备

其中，智能网关是网络设备，是农业智能化的关键，一般支持虚拟网络接入、WiFi 接入、有线宽带接入等，通过它可实现对局域网内各传感器、网络设备、摄像头以及主机等设备的信息采集、信息输入、信息输出、集中控制、远程控制、联动控制等功能。智能网关如图 1-0-6-12 所示。

图 1-0-6-12　智能网关

风机是依靠输入的机械能，提高气体压力并排送气体的机械，它是一种从动的流体机械。风机的主要作用是用于大棚空气流通、排除多余热量、抑制高温等。风机如图 1-0-6-13

所示。

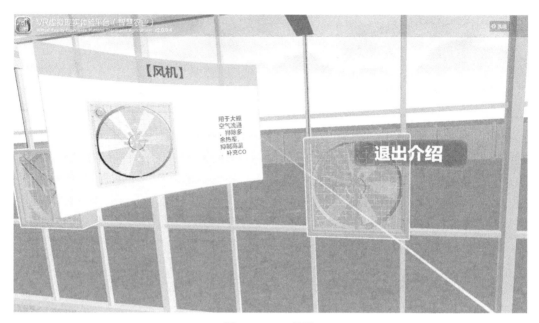

图 1-0-6-13　风机

风速传感器是用来测量风速的设备，外形小巧轻便，便于携带和组装，三杯设计理念可以有效获得风速信息，壳体采用优质铝合金型材或聚碳酸酯复合材料，具有防雨水、耐腐蚀、抗老化等性能，是一种使用方便、安全可靠的智能仪器仪表。风速传感器如图 1-0-6-14 所示。

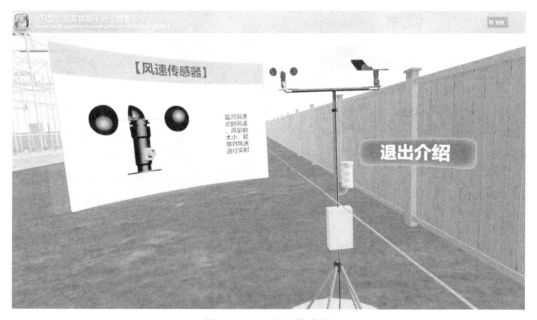

图 1-0-6-14　风速传感器

（4）功能展示：主要由上遮阳帘（开、关）、下遮阳帘（开、关）、风机（开、关）、喷灌（开、关）等功能组成。当这些功能都关闭时，如图 1-0-6-15 所示。

图 1-0-6-15 功能展示（关闭状态）

当这些功能全部开启时，如图 1-0-6-16 所示。

图 1-0-6-16 功能展示（开启状态）

（5）数据采集：主要由温度、湿度、大气压力、光照、风速、风向、水位、土壤湿度、人体、火焰、烟雾、空气质量、可燃气体、报警灯、雾化器、水泵、景观灯和减速电机组成。数据采集如图 1-0-6-17 所示。

图 1-0-6-17 数据采集

二、智慧农业后台监控

通过智慧农业后台监控，可以实时查看农场中的温度、湿度、水位、风向、光照、风速、大气压力、水泵、火焰、报警灯、雾化器、土壤湿度、烟雾等数据的情况，可以更好、更科学地管理农场。智慧农业后台监控如图 1-0-6-18 所示。

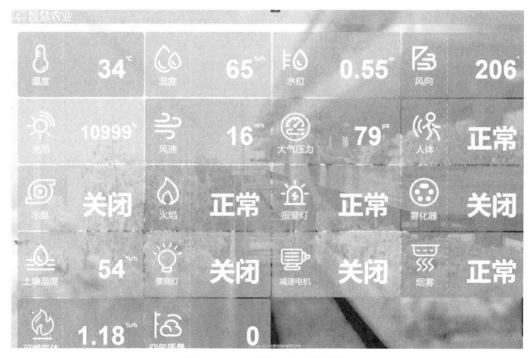

图 1-0-6-18 智慧农业后台监控

【归纳总结】

物联网展示互动中心整合了工业物联网、智慧物流、智慧超市、智慧校园、智能家居和智慧农业等典型物联网系统，实现了物联网技术融合传统制造业、服务业的典型应用，真实展现了物联网技术在生产、生活中的广泛运用。

 练习与实训

1. 物联网展示互动中心各项目的关键技术分别是什么？
2. 物联网的其他典型应用场景还有哪些？试检索相关案例并进行整体方案说明。

学习情境二
物联网工程技术应用系统

项目一　智　慧　农　业

任务一　组建系统感知层

【任务分析】

　　智慧农业系统中使用 VR 虚拟农业环境体验平台，模拟物联网真实的行业应用场景，通过在虚拟场景的身临其境和自主控制的人机交互，达到如下效果：在空间上，以蔬菜大棚场景为例，对场景环境的介绍与体验；在时间上，一天 24 小时内不同日照环境下的场景体验；在设备上，对虚拟设备的控制与传感器虚拟取值的体验，包括喷灌虚拟控制、遮阳虚拟控制、风机虚拟控制、主光灯虚拟控制、气象站（24 小时）虚拟取值。

　　在蔬菜大棚环境场景的智慧农业系统中，需要采集多种传感器数据并获取各类环境参数，还可以根据需要控制各类执行机构的状态。所有的数据和状态都要上传到云平台，由上位机采集数据并且实现 VR 设备的体验。基于物联网技术的智慧农业 VR 系统设计拓扑图如图 2-1-1-1 所示。

　　根据智慧农业系统的要求，系统感知层需要采集温度、湿度、光照、风速、空气质量等传感器数据，控制直流减速电机、湿帘水泵等执行机构，然后把数据传送给物联网网关。系统感知层采用 ZigBee 技术进行传感器数据的采集。

【相关知识】

一、 ZigBee 技术

（一） ZigBee 简介

ZigBee 技术是一种应用于短距离和低速率下的无线通信技术，ZigBee 过去又称为

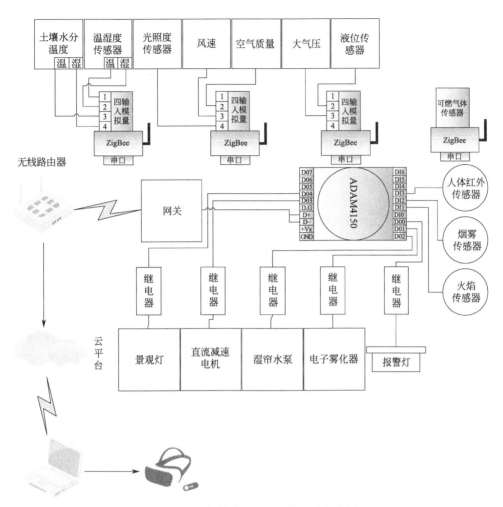

图 2-1-1-1　智慧农业 VR 系统设计拓扑图

"HomeRF Lite" 和 "FireFly" 技术，目前统一称为 ZigBee 技术。ZigBee 这个名字来源于蜂群的交流方式：蜜蜂通过 Z 字形飞行来通知发现的食物的位置、距离和方向等信息。ZigBee 联盟便借此作为这个新一代无线通信技术的名称。ZigBee 是一项新型的无线通信技术，主要用于距离短、功耗低且传输速率不高的各种电子设备之间进行数据传输，以及典型的有周期性数据、间歇性数据和低反应时间数据的传输。

　　ZigBee 无线通信技术可用于数以千计的微小传感器之间的通信，依托专门的无线电标准达成相互协调通信，因而该项技术常被称为 Home RF Lite 无线技术或 FireFly 无线技术。ZigBee 无线通信技术还可应用于小范围的基于无线通信的控制及自动化等领域，可省去计算机设备、数字设备之间的有线电缆，能够实现多种不同数字设备之间的无线组网，设备之间可实现相互通信，或者接入因特网。

　　简单地说，ZigBee 是一种高可靠的无线传输网络，类似于 CDMA 和 GSM 网络。ZigBee 传输模块类似于移动网络基站。通信距离从标准的 75m 到几百米，甚至几公里，并且支持无限扩展。ZigBee 是由多达 65535 个无线传输模块组成的一个无线传输网络平台，在整个网络范围内，每一个 ZigBee 网络传输模块之间可以相互通信，每个网络节点之间的距离可以从标准的 75m 无限扩展。

与移动通信的 CDMA 网或 GSM 网不同的是，ZigBee 网络主要是为工业现场自动化控制数据传输而建立的，因而，它必须具有简单、使用方便、工作可靠、价格低的特点。而移动通信网主要是为语音通信而建立的，每个基站价值一般都在百万元人民币以上，而每个 ZigBee "基站" 却不到 1000 元人民币。

每个 ZigBee 网络节点不仅本身可以作为监控对象，例如其所连接的传感器直接进行数据采集和监控，还可以自动中转别的网络节点传过来的数据资料。除此之外，每一个 ZigBee 网络节点（FFD）还可在自己信号覆盖的范围内，与多个不承担网络信息中转任务的孤立的子节点（RFD）进行无线连接。

（二）ZigBee 协议栈

ZigBee 堆栈是在 IEEE 802.15.4 标准基础上建立的，定义了协议的 MAC 和 PHY 层。ZigBee 设备应该包括 IEEE802.15.4（该标准定义了 RF 射频，以及与相邻设备之间的通信）的 PHY 和 MAC 层，以及 ZigBee 堆栈层：网络层（NWK）、应用层和安全服务提供层。

1. 堆栈层

每个 ZigBee 设备都与一个特定模板有关，可能是公共模板或私有模板。这些模板定义了设备的应用环境、设备类型，以及用于设备之间通信的簇。公共模板可以确保不同供应商的设备在相同应用领域中的互操作性。

设备是由模板定义的，并以应用对象（Application Objects）的形式实现。每个应用对象通过一个端点连接到 ZigBee 堆栈的余下部分，它们都是器件中可寻址的组件。

从应用角度看，通信的本质就是端点到端点的连接（例如，一个带开关组件的设备与带一个或多个灯组件的远端设备进行通信，目的是将这些灯点亮）。端点之间的通信是通过称之为簇的数据结构实现的。这些簇是应用对象之间共享信息所需的全部属性的容器，在特殊应用中使用的簇在模板中有定义。

每个接口都能接收（用于输入）或发送（用于输出）簇格式的数据。一共有两个特殊的端点，即端点 0 和端点 255。端点 0 用于整个 ZigBee 设备的配置和管理。应用程序可以通过端点 0 与 ZigBee 堆栈的其他层通信，从而实现对这些层的初始化和配置。附属在端点 0 的对象被称为 ZigBee 设备对象（ZDO），端点 255 用于向所有端点的广播，241～254 端点是保留端点。所有端点都使用支持子层（APS）提供的服务。APS 通过网络层和安全服务提供层与端点相接，并为数据传送、安全和绑定提供服务，因此能够适配不同但兼容的设备，比如带灯的开关。

APS 使用网络层（NWK）提供的服务。NWK 负责设备到设备的通信，并负责网络中设备初始化所包含的活动、消息路由和网络发现。应用层可以通过 ZigBee 设备对象（ZDO）对网络层参数进行配置和访问。

2. MAC 层

IEEE 802.15.4 标准为低速率无线个人域网（LR-WPAN）定义了 OSI 模型开始的两层。PHY 层定义了无线射频应该具备的特征，它支持两种不同的射频信号，分别位于 2450MHz 波段和 868/915MHz 波段。2450MHz 波段射频可以提供 250kbps 的数据速率和 16 个不同的信道。在 868/915MHz 波段中，868MHz 支持 1 个数据速率为 20kbps 的信道，

915MHz 支持 10 个数据速率为 40kbps 的信道。

MAC 层负责相邻设备之间的单跳数据通信。它负责建立与网络的同步，支持关联和去关联，以及 MAC 层安全：它能提供两个设备之间的可靠连接。

3. 接入点

ZigBee 堆栈的不同层与 802.15.4MAC 通过服务接入点（SAP）进行通信。SAP 是某一特定层提供的服务与上层之间的接口。ZigBee 堆栈的大多数层有两个接口：数据实体接口和管理实体接口。数据实体接口的目标是向上层提供所需的常规数据服务。管理实体接口的目标是向上层提供访问内部层参数、配置和管理数据的机制。

4. 安全性

安全机制由安全服务提供层提供。值得注意的是，系统的整体安全性是在模板级定义的，这意味着模板应该定义某一特定网络中应该实现何种类型的安全。

每一层（MAC、网络或应用层）都能被保护，而且为了降低存储要求，它们可以分享安全钥匙。SSP 是通过 ZD0 进行初始化和配置的，要求实现高级加密标准（AES）。ZigBee 规范定义了信任中心的用途，信任中心是在网络中分配安全钥匙的一种令人信任的设备。

5. 堆栈容量

根据 ZigBee 堆栈规定的所有功能和支持，为了实现 ZigBee 堆栈需要用到设备中的大量存储器资源。

6. 设备

ZigBee 规范定义了三种类型的设备，每种都有自己的功能要求：ZigBee 协调器是启动和配置网络的一种设备。协调器可以保持间接寻址用的绑定表格，支持关联，同时还能设计信任中心和执行其他活动。一个 ZigBee 网络只允许有一个 ZigBee 协调器。

ZigBee 路由器是一种支持关联的设备，能够将消息转发到其他设备。ZigBee 网格或树形网络可以有多个 ZigBee 路由器，ZigBee 星形网络不支持 ZigBee 路由器。

ZigBee 终端设备可以执行它的相关功能，并使用 ZigBee 网络到达其他需要与其通信的设备。它的存储器容量要求最少。

二、 ZigBee 开发平台

（一）IAR 开发环境

IAR 公司是全球领先的嵌入式系统开发工具和服务供应商，成立于 1983 年，迄今已有 30 余年的历史，其提供的产品和服务涉及嵌入式系统设计、开发和测试的每一个阶段。公司总部位于瑞典第 4 大城市乌普萨拉，在美国、英国、德国、丹麦、日本和中国等都设有分公司或代理商，其产品销售到包括中国在内的全球 30 多个国家。IAR 公司于 1986 年推出世界上首个嵌入式 C 编译器，支持全球几乎所有知名半导体公司的 8 位、16 位以及 32 位微处理器，例如 8051、MSP430 以及 ARM 核嵌入式处理器等，具有强大而灵活的优化功能，能够生成极为紧凑的目标代码。

1. 产品应用

IAR 的 Embedded Workbench 系列是一种增强型一体化嵌入式集成开发环境，其中完全集成了开发嵌入式系统所需要的文件编辑、项目管理、编译、链接和调试工具。IAR 公司独具特色的 C-SPY 调试器，不仅可以在系统开发初期进行无目标硬件的纯软件仿真，也可以结合 IAR 公司推出的 J-Link 硬件仿真器，实现用户系统的实时在线仿真调试。

IAR 的 Embedded Workbench 系列源级浏览器（Source Browser），能利用符号数据库使用户可以快速浏览源文件，可通过详细的符号信息来优化变量存储器。其文件查找功能可在指定的若干种起文件中进行全局文件搜索，还提供了对第三方工具软件的接口，允许用户启动指定的应用程序。

2. 控制系统

IAR 的 Embedded Workbench 系列适用于开发基于 8 位、16 位以及 32 位微处理器的嵌入式系统，其集成开发环境具有统一界面，为用户提供了一个易学易用的开发平台。IAR 公司提出了所谓"不同架构，唯一解决方案"的理念，用户可以针对多种不同的目标处理器，在相同的集成开发环境中，开发基于不同 CPU 的嵌入式系统应用程序，可以有效提高工作效率，节省工作时间。IAR 的 Embedded Workbench 系列还是一种可扩展的模块化环境，允许用户采用自己喜欢的编辑器和源代码控制系统，链接定位器（XLINK）可以输出多种格式的目标文件，用户可以采用第三方软件进行仿真调试和芯片编程。

TI 公司推出 CC253x 射频芯片的同时，还向用户提供了 ZigBee 的 Z-Stack 协议栈，这是经过 ZigBee 联盟认可，并被全球很多企业广泛采用的一种商业级协议栈。Z-Stack 协议栈中包括一个小型操作系统（抽象层 OSAL），负责系统的调度。操作系统的大部分代码被封装在库代码中，用户是查看不到的，对于用户来说，只能使用 API 来调用相关库函数。IAR 公司开发的 IAR Embedded Workbench for 8051 软件，可以作为 Z-Stack 协议栈的开发环境。IAR 的工作界面如图 2-1-1-2 所示。

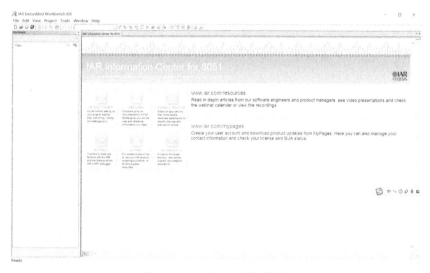

图 2-1-1-2　IAR 的工作界面

（二）下载并安装 Z-Stack 协议栈

ZigBee 协议栈有很多版本，不同厂商提供的 ZigBee 协议栈有一定的区别，用户可登录 TI 公司的官方网站下载，然后安装使用。双击 ZStack-CC2530-2.5.1a.exe 文件，即可进行协议栈的安装，默认是安装到 C 盘根目录下。

安装完成之后，在 C：\ Texas Instruments \ ZStack-CC2530-2.5.1a 目录下有 4 个文件夹，分别是 Documents、Projects、Tools 和 Components 文件夹。

（1）Documents 文件夹。该文件夹内有很多 PDF 文档，主要是对整个协议栈的说明，可以根据需要查阅。

（2）Project 文件夹。该文件夹内有用于 Z-Stack 功能演示的各个项目例程，可以在这些基础上进行开发。

（3）Tools 文件夹。该文件夹内有 TI 公司提供的一些工具。

（4）Components 文件夹。该文件夹内包括 Z-Stack 协议栈的各个功能函数，具体如下：

① hal 文件夹：硬件平台的抽象层；

② mac 文件夹：IEEE 802.15.4 物理协议所需要的头文件；

③ mt 文件夹：Z-tools 调试功能所需要的源文件；

④ osal 文件夹：操作系统抽象层所需要的文件；

⑤ services 文件夹：Z-Stack 提供的寻址服务和数据服务所需要的文件；

⑥ stack 文件夹：ZigBee 协议栈的具体实现部分；

⑦ zmac 文件夹：Z-Stack MAC 导出层文件。

【任务实施】

一、系统感知层硬件设计

（一）主控模块

CC2530 是应用于 IEEE 802.15.4、ZigBee 和 RF4CE 的一个真正的片上系统（SoC）解决方案。它能够以非常低的总材料成本建立强大的网络节点。CC2530 集成了优良性能的 RF 收发器，以及标准的增强型 8051CPU、系统内可编程闪存、8-KB RAM 等许多强大的功能模块。CC2530 具有不同的运行模式，运行模式之间的转换时间很短，进一步确保了低能源消耗，使得它尤其适应超低功耗要求的系统。

CC2530 F256 具有 256KB 的闪存，集成了业界领先的黄金单元 ZigBee 协议栈（Z-Stack^{TM}），提供了一个强大和完整的 ZigBee 解决方案。图 2-1-1-3 所示是 CC2530 的方框图，主要包括 CPU 和内存相关的模块，以及外设、时钟和电源管理模块、无线收发相关的模块等。

1. CPU 和内存

CC253x 系列芯片使用的 8051 CPU 内核是一个单周期的 8051 兼容内核。它有三种不同的内存访问总线（SFR、DATA 和 CODE/XDATA），以单周期访问 SFR、DATA 和主 SRAM。它还包括一个调试接口和一个 18 输入的扩展中断单元。

中断控制器提供了 18 个中断源，分为六个中断组，每组与四个中断优先级之一相关。当设备从活动模式回到空闲模式，任一中断服务请求就被激发。一些中断还可以从睡眠模式唤醒设备。

内存仲裁器位于系统中心，它通过 SFR 总线，把 CPU 和 DMA 控制器、物理存储器，以及所有外设连接在一起。内存仲裁器有四个存取访问点，每次访问可以映射到三个物理存

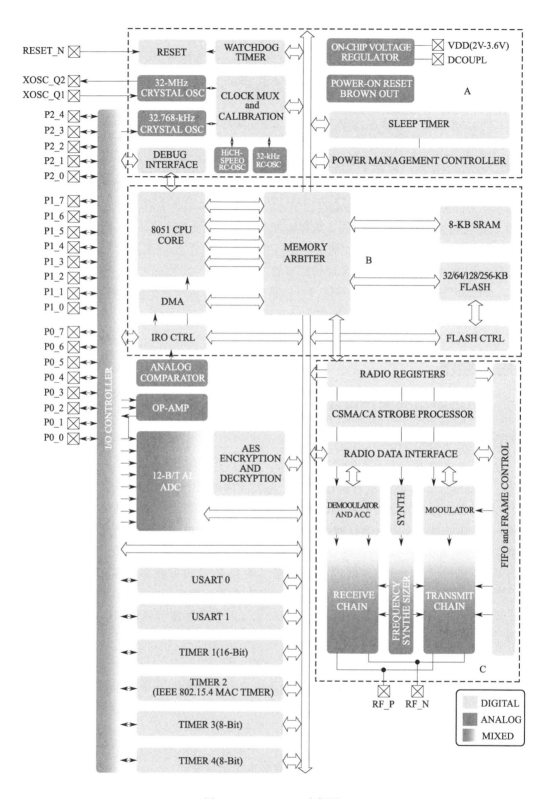

图 2-1-1-3 CC2530 方框图

储器之一：8KB SRAM、闪存存储器和 XREG/SFR 寄存器。它负责执行仲裁，并确定同时访问同一个物理存储器的内存访问顺序。

8KB SRAM 映射到 DATA 存储空间和部分 XDATA 存储空间。8KB SRAM 是一个超低功耗的 SRAM，即使数字部分掉电（供电模式 2 和 3）也能保留其内容。这对于低功耗应用是一个很重要的功能。

32/64/128/256（KB）闪存块为设备提供了可编程的非易失性程序储存器。除了保存程序代码和常量以外，非易失性存储器允许应用程序保存必须保留的数据，这样，设备重启之后可以使用这些数据。

2. 外设、时钟和电源管理

CC2530 包括许多不同的外设，允许应用程序设计者开发先进的应用。

CC2530 的数字内核和外设由一个 1.8V 低差稳压器供电。它提供了电源管理功能，可以实现使用不同供电模式的长电池寿命的低功耗运行。

3. ADC 模块

ADC 支持 7～12 位的分辨率，工作频率为 4～30kHz。ADC 转换可以使用高达八个输入通道（端口 0），输入可以选择单端或差分。参考电压可以是内部电压、模拟电压（AVDD）或是一个单端或差分外部信号。ADC 还有一个温度传感输入通道。ADC 可以自动执行定期抽样或转换通道序列的程序。

4. USART 0 和 USART 1

USART 0 和 USART 1 分别被配置为一个 SPI 主/从模式或一个 UART 模式。它们为 RX 和 TX 提供了双缓冲以及硬件流控制，因此非常适合于高吞吐量的全双工应用。每个串口都有自己的高精度波特率发生器，因此可以使普通定时器空闲出来用作其他用途。

5. 无线设备

CC2530 具有一个 IEEE 802.15.4 兼容无线收发器，即 RF 内核控制模拟无线模块。它提供了 MCU 和无线设备之间的一个接口，可以发出命令、读取状态、自动操作和确定无线设备事件的顺序。

（二）传感器及执行机构

1. 温湿度传感器 KSW-A1-60

温湿度传感器（图 2-1-1-4）是一种装有湿敏和热敏元件，能够用来测量温度和湿度的传感器装置。温湿度传感器由于具有体积小、性能稳定等特点，被广泛应用在生产、生活的各个领域。

温湿度传感器的引出线有 4 根，分别是红线、黑线、绿线、蓝线。其中红线接电源适配器，黑线为接地线，绿线是湿度信号线，蓝线是温度信号线。

2. 土壤水分温度传感器 MS-10

土壤水分温度传感器（图 2-1-1-5）是一种高精度、高灵敏度的测量土壤水分的传感器。通过测量土壤的介电常数，

图 2-1-1-4　温湿度传感器实物图

能够稳定地反映各种土壤的真实水分含量。MS-10 土壤水分温度传感器可以测量土壤水分的体积百分比，是符合目前国际标准的土壤水分测量设备。

3. 光照度传感器 ZD-6ACM

ZD 型光照度传感器（图 2-1-1-6）采用对弱光也有较高灵敏度的硅兰光伏探测器作为传感器，具有测量范围宽、线形度好、防水性能好、使用方便、便于安装、传输距离远等特点，适用于各种场所，尤其适用于农业大棚、城市照明等场所。

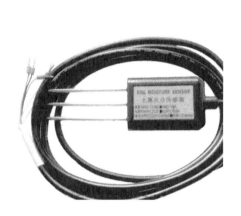

图 2-1-1-5　土壤水分温度传感器实物图

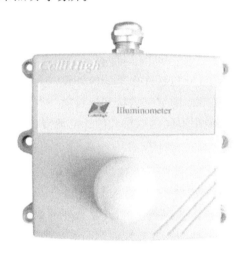

图 2-1-1-6　光照度传感器实物图

4. 人体红外传感器 IMC-S7801

人体红外传感器（图 2-1-1-7）用于生活的防盗报警、来客告知等，其原理是将释放的电荷经放大器转为电压输出。人体红外传感器可以全自动感应是否有人，当有人进入其感应范围则输出高电平，人离开感应范围则自动延时关闭高电平，输出低电平。

5. 火焰传感器 Flame-100-D

火焰传感器（图 2-1-1-8）利用红外线对火焰非常敏感的特点，使用特制的红外线接收管来检测火焰，然后把火焰的亮度转化为高低变化的电平信号，输入到中央处理器中，中央处理器根据信号的变化做出相应的程序处理。

图 2-1-1-7　人体红外传感器实物图

图 2-1-1-8　火焰传感器实物图

6. 风速传感器 TF-A1-30

风速传感器（图 2-1-1-9）是用来测量风速的设备。对准气流的叶片系统受到风压的作用，会产生一定的扭力矩，使叶片系统旋转，通过三叶螺旋桨绕水平轴旋转来测量风速。

风速传感器外形小巧轻便，便于携带和组装，是一种使用方便、安全可靠的智能仪器仪表，主要用在气象、农业、船舶等领域，可长期在室外使用。

7. 空气质量传感器 TGS2602

空气质量传感器（图 2-1-1-10）内部包含一个常规的两电极燃料电池传感器，工作电极通过外电路将电子释放到计数电极，且在计数电极端随着氧的减少而消耗，内电路由电解液中的离子流来实现。该传感器对酒精、香烟、氨气、硫化物等各种污染源都有极高的灵敏度，具有响应时间快、工作稳定、价格便宜等特点。

图 2-1-1-9　风速传感器实物图

图 2-1-1-10　空气质量传感器实物图

8. 可燃气体传感器 TGS813

可燃气体传感器（图 2-1-1-11）是利用难熔金属铂丝加热后的电阻变化来测定可燃气体浓度的。当可燃气体进入探测器时，在铂丝表面引起氧化反应（无焰燃烧），其产生的热量使铂丝的温度升高，铂丝的电阻率便发生变化。

9. 大气压传感器 QYL-A1

大气压传感器（图 2-1-1-12）在单晶硅片上加工出真空腔体和惠斯登电桥，惠斯登电桥桥臂两端的输出电压与施加的压力成正比，经过温度补偿和校准后，具有体积小、精度高、响应速度快、不受温度变化影响的特点，可广泛应用于温室、实验室、养殖、建筑、高层楼宇、工业厂房等环境的大气压力的测量。

图 2-1-1-11　可燃气体传感器实物图

10. 液位传感器 S-ST202

S-ST202 液位传感器（图 2-1-1-13）是一款 LPWAN（低功

耗广域网络）的产品。该产品采用投入式液位变送器，内置微型信号处理电路，可进行远程传输，具有良好的稳定性和可靠性，是集数据采集、监测于一体的无线水位采集终端。

图 2-1-1-12　大气压传感器实物图

图 2-1-1-13　液位传感器实物图

11. 风向传感器 TX-A1

TX 系列风向传感器（图 2-1-1-14）外形小巧轻便，便于携带和组装，壳体采用优质铝合金型材，外部进行电镀喷塑处理，具有良好的防腐、防侵蚀等特点，能够保证仪器长期使用而无锈蚀现象，同时配合内部顺滑的轴承系统，确保了信息采集的精确性。风向传感器可测量室外环境中的风向，测量分东、西、南、北、东南、西南、西北、东北等十六个方向，具有很高的性价比，广泛用于环保、气象、农业、林业、水利、建筑、科研及教学等领域。

12. 烟雾传感器 JTY-GD-DG311

光电型烟雾传感器（图 2-1-1-15）内有一个光学迷宫，安装有红外对管，无烟时红外接收管收不到红外发射管发出的红外光，当烟尘进入光学迷宫时，通过折射、反射，接收管接收到红外光，智能报警电路判断是否超过阈值，如果超过则会发出警报。烟雾传感器具有灵敏度高、稳定可靠、低功耗、美观耐用、使用方便等特点，适用于家居、商店、仓库等场所的火灾报警。

图 2-1-1-14　风向传感器实物图

图 2-1-1-15　烟雾传感器实物图

13. 继电器 LY2N-J\ 24V

继电器（图 2-1-1-16）是一种电控制器件，是当输入量的变化达到规定要求时，在电气输出电路中使被控量发生预定的阶跃变化的一种电器。继电器通常应用于自动化的控制电路中，它实际上是用小电流去控制大电流运作的一种"自动开关"，故在电路中起着自动调节、安全保护、转换电路等作用。

14. 报警灯 csps103

报警灯（图 2-1-1-17）采用（丙烯腈-丁二烯-苯乙烯）材料，工艺性好，抗冲击力强。表面经镀膜强化处理，透明度＞9 级，有 24 只 LED 高亮型灯管。频闪灯采用优质进口 LED 灯管和特质驱动电路，能耗小，光效强，使用寿命在 5 万小时以上。

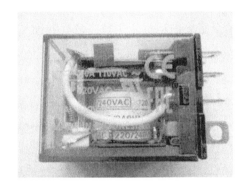 

图 2-1-1-16　继电器实物图　　　　图 2-1-1-17　报警灯实物图

15. 湿帘水泵 AD20P-1230B

湿帘水泵使用时需注意：湿帘水泵的电源有极性，正负极不能接反；湿帘水泵使用环境为清水介质；湿帘水泵建议在 35° 以下环境使用。

16. ADAM 设备

ADAM 设备（图 2-1-1-19）是一款 485 总线智能型采集开关量信号的数据采集模块，

图 2-1-1-18　湿帘水泵实物图　　　　图 2-1-1-19　ADAM 设备实物图

采用 Modbus 远程终端单元协议，通用性好，可以很方便地与其他系统对接，客户也可以根据自己的需求，定制相关协议，方便灵活。ADAM-4000 系列模块的电源具有防反接功能，一旦接错电源线，则会自动切断电源，保护整个模块不被损毁。

二、系统感知层软件设计

（一）主程序

系统感知层软件设计采用 Z-Stack 协议栈，Z-Stack 采用轮转查询式操作系统，该操作系统命名为 OSAL（Operating System Abstraction Layer），中文为"操作系统抽象层"。Z-Stack 协议栈将底层、网络层等复杂部分屏蔽掉，让程序员通过 API 函数就可以轻松地开发一套 ZigBee 系统。

主函数的作用是初始化各种函数和硬件，保证整个系统的运行。主程序流程如图 2-1-1-20 所示。

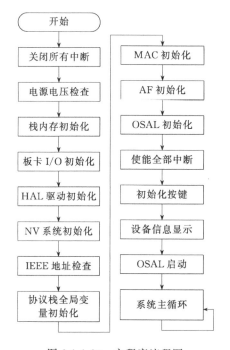

图 2-1-1-20　主程序流程图

主程序源代码如下：

```
1.   int main(void)
2.   {
3.   // 关闭中断
4.   osal_int_disable( INTS_ALL );
5.   // HAL 板卡初始化
6.   HAL_BOARD_INIT();
7.   //电源电压检查
8.   zmain_vdd_check();
9.   //初始化板卡 I/O
```

```
10.    InitBoard( OB_COLD );
11.    //初始化 HAL 驱动
12.    HalDriverInit();
13.    // 初始化 NV 系统
14.    osal_nv_init( NULL );
15.    // 初始化 MAC
16.    ZMacInit();
17.    // 地址检查
18.    zmain_ext_addr();
19.    // 初始化 NV 项目
20.    zgInit();
21. #ifndef NONWK
22.    // AF 初始化
23.    afInit();
24. #endif
25.    // 初始化 OSAL
26.    osal_init_system();
27.    // 允许中断
28.    osal_int_enable( INTS_ALL );
29.    // 初始化按键
30.    InitBoard( OB_READY );
31.
32.    // 设备信息显示
33.    zmain_dev_info();
34.
35.    // LCD 上显示信息
36. #ifdef LCD_SUPPORTED
37.    zmain_lcd_init();
38. #endif
39.
40. #ifdef WDT_IN_PM1
41.    //使能看门狗
42.    WatchDogEnable( WDTIMX );
43. #endif
44.    // osal 启动
45.    osal_start_system();
46.
47.    return 0;
48.  }
```

其中，osal_start_system 函数在 OSAL.c 文件中，定义如下：

```
1.   void osal_start_system( void )
2.   {
3. #if ! defined ( ZBIT ) && ! defined ( UBIT )
```

```
4.  for(;;)
5.  #endif
6.  {
7.  uint8 idx = 0;      //定义任务索引(任务编号)
8.  osalTimeUpdate();     //更新时钟系统
9.  Hal_ProcessPoll();   // 查看硬件是否有事件发生,如串口、SPI 接口
10. do {
11. if (tasksEvents[idx])  // 判断某一任务的事件是否发生,循环查看事件表
12. {
13. break;
14. }
15. } while ( + + idx < tasksCnt);     //从第 0 个任务到第 tasksCnt 个任务,循环判断每个任务的
事件
16.
17. if (idx < tasksCnt)
18. {
19. uint16 events;
20. halIntState_t intState;    //中断状态
21.
22. HAL_ENTER_CRITICAL_SECTION(intState);    //中断临界,保存先前中断状态,然后关中断
23. events = tasksEvents[idx];     //读取事件
24. tasksEvents[idx] = 0;  // 对该任务的事件清零
25. HAL_EXIT_CRITICAL_SECTION(intState);     //跳出中断临界状态,恢复先前中断状态
26.
27. events = (tasksArr[idx])( idx, events );    //调用相对应的任务事件处理函数
28. HAL_ENTER_CRITICAL_SECTION(intState);
29. tasksEvents[idx] |= events;  // 把返回未处理的任务事件添加到当前任务中再进行处理
30. HAL_EXIT_CRITICAL_SECTION(intState);
31. }
```

HAL_ENTER_CRITICAL_SECTION（intState）和 HAL_EXIT_CRITICAL_SEC-TION（intState）函数，在 hal_mcu.h 文件中定义如下：

```
1. #define HAL_ENABLE_INTERRUPTS()        st( EA = 1; )
2. #define HAL_DISABLE_INTERRUPTS()       st( EA = 0; )
3. #define HAL_INTERRUPTS_ARE_ENABLED()    (EA)
4. typedef unsigned char halIntState_t;
5. #define HAL_ENTER_CRITICAL_SECTION(x)  st( x = EA;  HAL_DISABLE_INTERRUPTS(); )
6. #define HAL_EXIT_CRITICAL_SECTION(x)    st( EA = x; )
```

HAL_ENTER_CRITICAL_SECTION（intState）函数的作用，是把原来中断状态 EA 赋给 X，然后关中断，以便后面可以恢复原来的中断状态。其目的是为了在访问共享变量时，保证变量不被其他任务同时访问。

HAL_ENTER_CRITICAL_SECTION（intState）函数的作用，是跳出上面的中断临界状态，恢复先前的中断状态，相当于开中断。

第 23 行代码 events＝tasksEvents[idx]，在 OSAL.c 文件中进行了声明 uint16 ＊tasks-Events。在 C 语言中，指向数组的指针变量可以带下标，所以，在 tasksEvents[idx] 中存在的是数据而不是地址。

第 19 行代码 uint16 events 定义了事件变量，该变量是 16 位的二进制变量。在初始化时，系统将所有任务的事件初始化为 0。第 11 行通过 tasksEvents[idx] 是否为 0 来判断是否有事件发生，若有事件发生，则跳出循环。

第 24 行代码 tasksEvents[idx]＝0，用于清除任务 idx 的事件指针变量值为 NULL。

第 27 行代码 events＝(tasksArr[idx])(idx, events)，用于调用相对应的任务事件处理函数，每个任务都有一个事件处理函数，该函数需要处理若干个事件。

第 29 行代码 tasksEvents[idx]|＝events，每次调用第 27 行代码，只处理一个事件，若一个任务有多个事件响应，则把返回未处理的任务事件添加到当前任务中再进行处理。

（二）采集模块

采集模块主要完成的任务是：完成各类初始化，读取 ADC 的值，根据代码分析传感器类型，根据公式将读取到的 ADC 的值转换成所需要的数据，最后将数据通过 ZigBee 网络发送给网关，完成各类数据的采集。采集模块流程如图 2-1-1-21 所示。

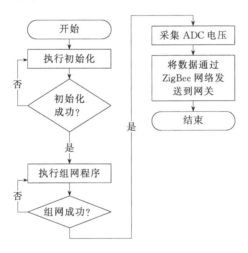

图 2-1-1-21　采集模块流程图

在工程的用户 App 部分添加了传感器相关驱动程序，如"sensor.c"和"get_adc.c"。该程序包含了 ADC 电压采集、A/D 转换、数据存放等底层程序。

"get_adc.c"中的 get_adc 函数是采集传感器模块 ADC 值，返回值就是所需 ADC 值。采集传感器 ADC 值功能代码如下：

```
1.   uint16 get_adc(void)
2.   {
3.       int32 value;
4.       hal_adc_Init(); // ADC 初始化
5.       ADCIF = 0;    //清 ADC 中断标志
6.       //采用基准电压 avdd5:3.3V,通道 0,启动 AD 转换
7.       ADCCON3 = (0x80 | 0x10 | 0x00);
```

```
8.     while ( ! ADCIF )
9.     {
10.         ;  //等待 AD 转换结束
11.     }
12.     value = ADCH;
13.     value = value << 8;
14.     value |= ADCL;
15.     if(value&0x8000)
16.         value = 0;
17.     // AD 值转换成电压值
18.     // 0 表示 0V ,32768 表示 3.3V
19.     // 电压值 = (value * 3.3)/32768 (V)
20.     value = (value * 330);
21.     value = value >> 15;   // 除以 32768
22.     // 返回分辨率为 0.01V 的电压值
23.     return (uint16)value;
24. }
25. uint16 get_guangdian_ad(void)
26. {
27.     return get_adc();
28. }
```

使用时，调用函数"get_guangdian_ad（）"即可。返回值是传感器 AD 值，传感器电压值越大，AD 值也越大。

示例代码如下：

```
1. uint16 ad;
2. ad = get_guangdian_ad ();
```

这段函数是将 ADC 相关端口初始化，用到的 ACH1、ACH2、ACH3、ACH4 即为四输入端口序号，只需定义一个其名称的常量。四通道模拟量采集代码如下：

```
1. #define ACH1    0
2. #define ACH2    4
3. #define ACH3    5
4. #define ACH4    6
5. void hal_adc4_Init(void)
6. {
7.     APCFG |= (1 << ACH1) | (1 << ACH2)| (1 << ACH3)| (1 << ACH4);
8.     POSEL |= (1 << ACH1) | (1 << ACH2)| (1 << ACH3)| (1 << ACH4);
9.     PODIR &= ~((1 << ACH1) | (1 << ACH2)| (1 << ACH3)| (1 << ACH4));
10. }
```

adc_ch 函数是在启动 AD 转换后获取电压值，返回值就是所需电压值。

```
1. uint16 adc_ch(uint8 ch)
2. {
3.     int32 value;
```

```
4.    ADCIF = 0;   //清 ADC 中断标志
5.                      //采用基准电压 avdd5:3.3V,通道 ch,启动 AD 转换
6.    ADCCON3 = (0x80 | 0x10 | (ch&0x0f));
7.    while ( ! ADCIF )
8.    {
9.        ;   //等待 AD 转换结束
10.   }
11.   value = ADCH;
12.   value = value<< 8;
13.   value | = ADCL;
14.   if(value&0x8000)
15.       value = 0;
16.   value = value>>5;
17.   return (uint16)value;
18.   }
```

get_adc4ch 函数是用来读取来自四通道模拟量的 adc 的值,再依次存放在指针 buf 中,现在得到的数值就可以直接使用了。

```
1.    void get_adc4ch(uint8 * buf)
2.    {
3.    uint16 value;
4.    hal_adc4_Init(); // ADC 初始化
5.    value = adC_ch(ACH1);
6.    * buf = value;
7.    buf + + ; //按位赋值
8.    * buf = value>>8;   //存放于指针中
9.    buf + + ;
10.   value = adC_ch(ACH2);
11.   * buf = value;
12.   buf + + ;
13.   * buf = value>>8;
14.   buf + + ;
15.   value = adC_ch(ACH3);
16.   * buf = value;
17.   buf + + ;
18.   * buf = value>>8;
19.   buf + + ;
20.   value = adC_ch(ACH4);
21.   * buf = value;
22.   buf + + ;
23.   * buf = value>>8;
24.   }
```

"sensor. c" 部分代码如下:
```
1.    void get_4channel_ad(uint8 * buf)
```

```
2.   {
3.   get_adc4ch(buf);
4.   }
```

这段函数将读取四通道的 adc 的函数进行了二次包装，包装成容易被开发者理解的读法。需要读取四输入模拟量值时，只需调用此函数，使用一个数组存放数值即可。

示例：

```
1.   uint8 buf[8];
2.   get_4channel_ad(buf);
```

buf 数组中共有 8 个字节，每路模拟量的转换结果占 2 个字节，低位字节在前，高位字节在后。数组中第 1、2 字节为 IN1 的转换结果，3、4 字节为 IN2 的转换结果，5、6 字节为 IN3 的转换结果，7、8 字节为 IN4 的转换结果。

编写组网部分的代码时，节点加入 ZigBee 网络，需要先设置信道号（channel），再设置网络号（panid），此处需要添加 zb_Readchannel、zb_Writechannel、zb_Readpandid、zb_Writepandid 函数，工程添加到"APP_FLASH.c"中，代码说明如下：

zb_Readchannel 函数代码，用于读取信道号（channel）数值，返回值即是信道值。

```
1.   uint8   zb_Readchannel(void)
2.   {
3.       uint8   ch;
4.       uint32   channel;
5.       zb_ReadConfiguration(ZCD_NV_CHANLIST,4,&channel );
6.       for(ch=11; ch<27; ch++)//信道只有 11~26
7.       {
8.           if(channel == chn[ch-11] )
9.               return ch;
10.      }
11.      return   0;
12.  }
```

zb_Writechannel 代码，用于设置信道号（channel）数值。

```
1.   void   zb_Writechannel(uint8 ch)
2.   {
3.       uint32   channel;
4.       if（(ch<11)||(ch>26))
5.           return;
6.       channel = chn[ch-11];
7.       zb_WriteConfiguration(ZCD_NV_CHANLIST, 4, &channel);//配置 channel 号
8.   }
```

zb_Readpandid 函数代码，用于读取网络号（panid）数值。

```
1.   void   zb_Readpandid(void * buf)
2.   {
3.       zb_ReadConfiguration(ZCD_NV_PANID,2,buf );//读取原配置参数
4.   }
```

zb_Writepandid 函数代码，用于设置网络号（panid）数值。

```
1.   void   zb_Writepandid(void * buf)
2.   {
3.       zb_WriteConfiguration(ZCD_NV_PANID, 2，buf ); //读取原配置参数
4.   }
```

实际使用时，信道号可将数值存放于整型变量，网络号可存放于数组中。

定义一个整型变量 channel，读取到的信道号存放在变量 channel 中。获取信道号的代码如下：

```
1.   uint8 channel;
2.   channel = zb_Readchannel();
```

定义数组 buf，获得两个字节，buf［0］为 panid 低 8 位，buf［1］为 panid 高 8 位，读取到的网络号存放在 buf 中。获取网络号的代码如下：

```
1.   uint8 buf[2];
2.   zb_Readpandid(buf);
```

在节点程序（"Enddevice. c"）中，在修改 channel、panid 处，加入网络代码如下：

```
1.   void ChannelPanidInit (void)
2.   {
3.    uint8 buf[2];
4.    uint8 channel;
5.    zb_Readpandid(buf);
6.    channel = zb_Readchannel();
7.    if(channel !  = 14)//信道不正确的话,进行修改
8.    {
9.      channel = 14;
10.   if(buf[1]!  = 0x80 || buf[0]!  = 0x03)
11.   {
12.      buf[1] = 0x80;
13.      buf[0] = 0x03;
14.      zb_Writepandid(buf);
15.      zb_SystemReset();//修改过后需要调用此函数方可生效
16.   }
17.   zb_Writechannel(channel);
18.   zb_SystemReset();
19.  }
20.  else
21.  {
22.   if(buf[1]!  = 0x80 || buf[0]!  = 0x03)
23.   {
24.      buf[1] = 0x80;
25.      buf[0] = 0x03;
26.      zb_Writepandid(buf);
27.      zb_SystemReset();//修改过后需要调用此函数方可生效
```

```
28.      }
29.    }
30.  }
```

在使用函数 zb_Writechannel（）和 zb_Writepandid（）后，需调用 zb_SystemReset（）函数方可修改生效。

传感器节点加入网络后，需要每隔一段时间把数据值发送给协调器。ZigBee 的发送周期在终端节点代码最上方有一行报告周期，即轮询时间，以毫秒（ms）为单位，默认为 2000 毫秒（ms）。代码如下：

```
1.    static uint16 myReportPeriod =        2000;
1.    static void sendDummyReport(void)
2.    {
3.    }
```

zb_SendZigbeeDatas 函数的作用是协议栈中 ZigBee 通信发送数据。

```
1.    uint8 buf[10];
2.    zb_SendZigbeeDatas(buf,10);
```

此函数采用广播方式发送无线数据，当终端节点需要使用此函数时，需保证终端节点与协调器已经绑定，即加入协调器网络，调用 zb_SendZigbeeDatas（uint8 ＊ pData，uint8 lens）函数即可。程序运行后，节点板就会循环发送采集数据。

（三）ZigBee 配置

1. 安装刻录软件 SMartRF Flash Programmer

安装刻录软件的过程如图 2-1-1-22、图 2-1-1-23 所示。

图 2-1-1-22　安装刻录软件（1）

图 2-1-1-23　安装刻录软件（2）

2. 使用刻录软件将传感器代码复制到 ZigBee 模块

如图 2-1-1-24～图 2-1-1-26 所示。

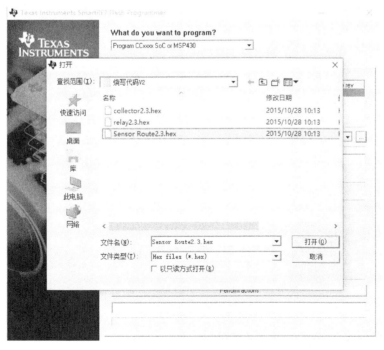

图 2-1-1-24　复制程序（1）

图 2-1-1-25　复制程序（2）

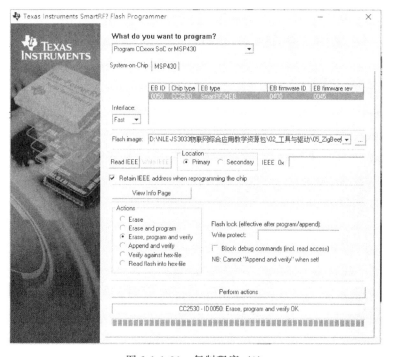

图 2-1-1-26　复制程序（3）

3. 查看串口号

将设备连接到电脑后，打开设备管理器查看串口号（图 2-1-1-27）。

图 2-1-1-27　查看串口号

4. 配置 COM 口、波特率并连接模组

打开配置工具配置 COM 口和波特率，点击"连接模组"，如图 2-1-1-28～图 2-1-1-30 所示。

图 2-1-1-28　配置 COM 口

图 2-1-1-29　配置波特率

图 2-1-1-30　连接模组

5. 配置 Channel、 PANID、序列号和传感器类型

配置过程如图 2-1-1-31、图 2-1-1-32 所示。

图 2-1-1-31　配置 channel、PANID、序列号、传感器类型

图 2-1-1-32　配置成功

任务二　部署系统传输层

【任务分析】

智慧农业系统的传输层主要完成物联网网关设备、云平台的配置与调试，物联网网关通过传感器等设备采集底层数据，所有数据上传云平台，实现传感节点信息获取和设备控制功能，并且实现与上位机的通信（数据上传、主机响应等）功能。

在本任务中，将依照系统的传输层需求，对智慧农业 VR 系统传输层的各个设备进行安装、连接、配置、调试，完成系统传输层的部署，使系统传输层连接通畅，并保证各个设备能正常工作。传输层与感知层、应用层之间的网络拓扑图如图 2-1-2-1 所示。

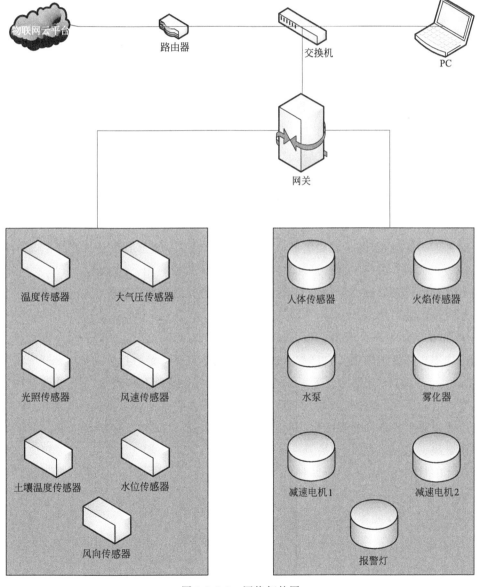

图 2-1-2-1　网络拓扑图

【相关知识】

一、物联网网关

网关（Gateway）又称网间连接器、协议转换器。网关在网络层上实现网络互连，是最复杂的网络互连设备，仅用于两个高层协议不同的网络互连。网关的结构也和路由器类似，不同的是互连层。网关既可以用于广域网互连，也可以用于局域网互连。

智慧农业系统采用物联网数据采集网关 NLE-PE9000，该网关可结合物联网和传感技术，实时采集有线、无线传感网设备传感值，并通过通讯模块上传到 PC 端，实现对传感设备的实时监测及控制。其特点是：

① 支持 ZigBee 无线传感组网连接；

② 支持 Modbus 有线传感连接；

③ 支持串口调试功能，支持应用程序和固件升级；

④ 可同时支持 9 路 ZigBee 无线传感网输入和 6 路输出；

⑤ 可同时支持 10 路基于 Modbus 有线传感网输入和 6 路的输出；

⑥ 支持 WiFi/以太网传输，可将采集数据实时传送到后台。

二、云平台

云计算平台也称为云平台，是指基于硬件资源和软件资源的服务，提供计算、网络和存储能力。云计算平台可以划分为 3 类：以数据存储为主的存储型云平台，以数据处理为主的计算型云平台，以及计算和数据存储处理兼顾的综合云计算平台。

云平台一般具备如下特征：

硬件管理对使用者/购买者高度抽象：虽然用户根本不知道数据是在位于哪里的哪几台机器处理的，也不知道是怎样处理的，但当用户需要某种应用，用户向"云"发出指示时，可很短时间内将结果呈现在屏幕上。云计算分布式的资源向用户隐藏了实现细节，并最终以整体的形式呈现给用户。

使用者/购买者对基础设施的投入被转换为 OPEX（Operating Expense，即运营成本）：企业和机构不再需要规划属于自己的数据中心，也不需要将精力耗费在与自己主营业务无关的 IT 管理上。他们只需要向"云"发出指示，就可以得到不同程度、不同类型的信息服务，这样，节省下来的时间、精力、金钱，都可以投入到企业的运营中去了。对于个人用户而言，也不再需要投入大量费用购买软件，云中的服务已经提供了他所需要的功能，任何困难都可以解决。

商业化的常用云平台有以下几种。

1. 微软云平台

① 技术特性：整合其所用软件及数据服务；

② 核心技术：大型应用软件开发技术；

③ 企业服务：Azure 平台；

④ 开发语言：.NET。

2. Google 云平台

① 技术特性：储存及运算水平扩充能力；

② 核心技术：平行分散技术 MapReduce，BigTable，GFS；

③ 企业服务：Google AppEngine，应用代管服务；

④ 开发语言：Python，Java。

3. IBM 云平台

① 技术特性：整合其所有软件及硬件服务；

② 核心技术：网格技术，分布式存储，动态负载；

③ 企业服务：虚拟资源池，企业云计算整合方案。

4. Oracle 云平台

① 技术特性：软硬件弹性虚拟平台；

② 核心技术：Oracle 的数据存储技术，Sun 开源技术；

③ 企业服务：EC2 上的 Oracle 数据库，OracleVM，Sun xVM。

5. EMC 云平台

① 技术特性：信息存储系统及虚拟化技术；

② 核心技术：Vmware 的虚拟化技术，存储技术；

③ 企业服务：Atoms 云存储系统，私有云解决方案。

6. 阿里巴巴云平台

① 技术特性：弹性可定制商务软件；

② 核心技术：应用平台整合技术；

③ 企业服务：软件互联平台，云电子商务平台。

7. 中国移动

① 技术特性：坚实的网络技术，丰富的带宽资源；

② 核心技术：底层集群部署技术，资源池虚拟技术，网络相关技术；

③ 企业服务：BigCloude（大云平台）。

【任务实施】

一、传输层网关配置

智慧农业系统采用物联网数据采集网关 NLE-PE9000，该网关可结合物联网和传感技术，实时采集有线、无线传感网设备传感值，并通过通讯模块上传到 PC 端，实现对传感设备的实时监测及控制。

网关配置步骤如下：

（1）WiFi 设置：默认情况下，WiFi 是关闭的，可通过"开启服务"按键，开启与关闭 WiFi 服务，网关连接路由器一般以 WiFi 连接，如图 2-1-2-2 所示。

图 2-1-2-2 开启 WiFi 服务

WiFi 开启之后，可通过"配置"按键进入（图 2-1-2-3），进行"创建新连接"（图 2-1-2-4），选择已知的目标 WiFi（图 2-1-2-5），输入 WiFi 密码进行连接（图 2-1-2-6）。

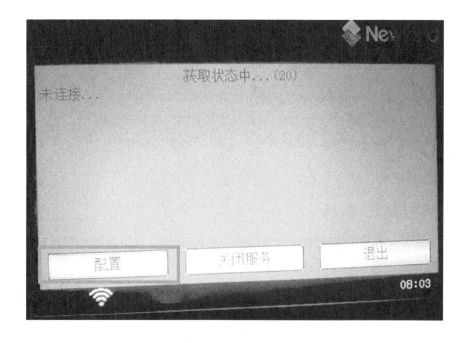

图 2-1-2-3 进入 WiFi 配置服务

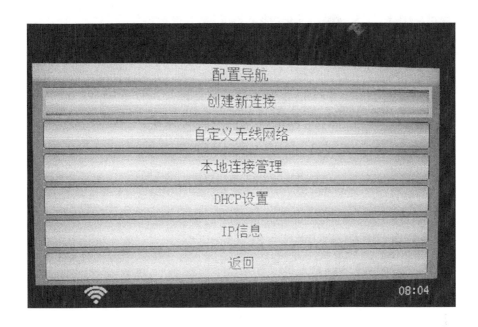

图 2-1-2-4　创建 WiFi 连接

图 2-1-2-5　连接目标 WiFi

（2）以太网设置：当使用有线网络时，插入网线至网关，需要选择以太网设置，对静态 IP 或 DHCP 获取方式进行设置，切记以太网与 WiFi 不可同时使用，否则可能会发生互相干扰的情况。

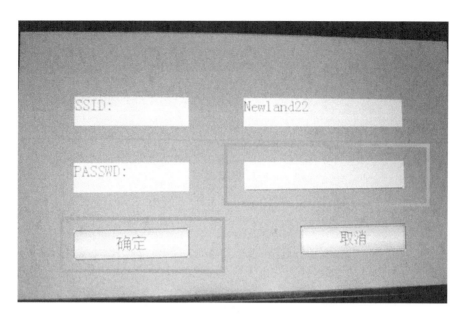

图 2-1-2-6 填写 WiFi 密码

以太网设置界面、DHCP 分配 IP 及数据接收如图 2-1-2-7～图 2-1-2-9 所示。

图 2-1-2-7 以太网设置界面

二、云平台部署

NLECloud 物联网云平台如图 2-1-2-10 所示，它是基于智能传感器、无线传输技术、大规模数据处理与远程控制等物联网核心技术，与互联网、无线通信、云计算、大数据技术高

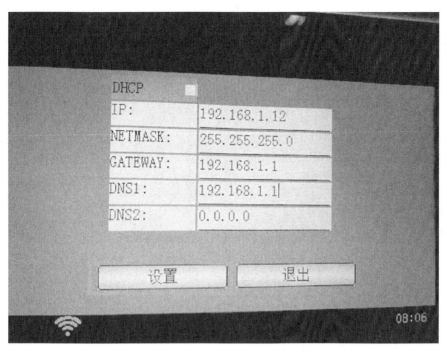

图 2-1-2-8 DHCP 分配 IP

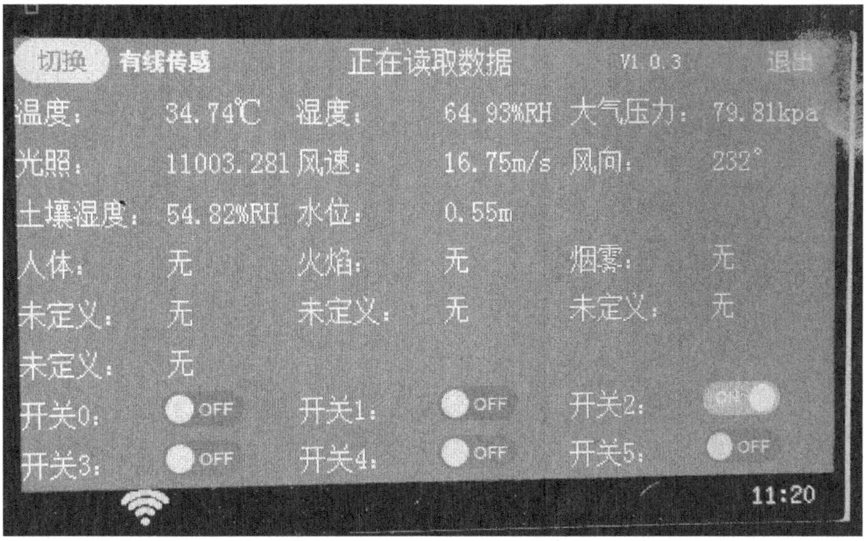

图 2-1-2-9 数据接收

度融合开发的一套物联网云服务平台，集设备在线采集、远程控制、无线传输、数据处理、预警信息发布、决策支持、一体化控制等功能于一体。用户及管理人员可以通过手机、平板、计算机等信息终端，实时掌握传感设备信息，及时获取报警、预警信息，并可以手动/自动调整控制设备，最终实现各类终端设备的简单管理。同时，NLECloud 物联网云平台也是针对物联网教育、科研推出的开放式物联网云服务教学平台。

图 2-1-2-10　物联网云平台首页

1. 云平台用户登录

（1）打开浏览器，输入物联网云服务平台的链接网址（http：//www.nlecloud.com/），进入物联网云服务平台首页界面。

（2）点击右上角的"请登录"，弹出"用户登录"窗口。

（3）输入已经注册的用户名、密码、验证码，进行登录。如若勾选"下次自动登录"，则下次打开网页输入网址后，不用重新登录。

2. 云平台的网关管理

在"添加项目"页面中（图 2-1-2-11），添加项目名称："苏信展厅"；行业类别："智慧农业"；联网方式："WiFi"，然后点击"下一步"，成功创建项目。

添加项目

*项目名称

苏信展厅　　　　　　　　　　支持输入最多15个字符

*行业类别

智慧农业　▼

*联网方案

WIFI　　以太网　　蜂窝网络(2G/3G/4G)　　蓝牙　　NB-IoT

项目简介

下一步　　关闭

图 2-1-2-11　"添加项目"页面

进入"添加设备"的页面,添加设备名称:"VR农业网关";通讯协议:"TCP";设备标识为 VR 农业中网关的序列号"P98K2300563"。如图 2-1-2-12 所示。

添加设备

*设备名称

VR农业网关

支持输入最多15个字符

*通讯协议

✓ TCP　　MQTT　　HTTP　　LWM2M　　TCP透传

*设备标识

P98K2300563

设备标识为英文、数字或其组合6到30个字符！ 标识被占用的设备

数据保密性

☑ 公开(访客可在浏览中阅览设备的传感器数据)

数据上报状态

☑ 马上启用(禁用会使设备无法上报传感数据)

确定添加设备　　关闭

图 2-1-2-12　"添加设备"页面

输入必填信息后点击"确定添加设备",完成该项目的网关的添加。添加完成后,可以查询网关的设备 ID、设备标识、传输密匙、通讯协议,以及数据浏览的链接等,如图 2-1-2-13 所示。

网关

设备ID：40161

设备标识：P98K2300563

传输密匙：c37263fb9604432d813ed5a3f892540e

通讯协议：TCP

数据浏览：http://www.nlecloud.com/device/40161

图 2-1-2-13　查询网关信息

3. 添加传感器

添加传感器的步骤为:点击项目名称进入项目管理界面;点击"设备管理",进入到备管理界面;点击设备标题链接(或标题行右侧传感器管理图标),进入传感器管理页面,如图 2-1-2-14 所示。

点击"马上创建一个传感器",进入"添加传感器"的页面,可以选择添加 ZigBee 无线

图 2-1-2-14　传感器管理页面

采集连接的设备、模拟量、数字量等不用类型的设备，图 2-1-2-15 添加的是温度传感器，图 2-1-2-16 添加的是湿度传感器。同理，可以添加其他类型的传感器。

图 2-1-2-15　序列 0001 通道 0 温度传感器

单击"确定并继续添加"后，继续添加湿度传感器，选择"ZigBee""四输入小板""第 1 通道""湿度"，填入序列号"0001"，其中同一个序列号有 4 个不同的通道，用序列号和通道号来标识数据来源。

ADAM4150 连接的执行器，可以通过继电器去控制设备报警灯、风扇、灯泡等。图 2-1-2-17 就是一个添加报警灯的例子，选择"数字量"，传感器类型选择"报警灯"，注意随机生成的标识名，编写代码时将会用到。

图 2-1-2-16　序列号 0001 通道 1 湿度传感器

图 2-1-2-17　添加报警灯

全部设备添加完毕，刷新页面，页面由 ZigBee、数字量传感器、执行器构成，并且显示出各设备连接的采集器端口号（通道号），可以通过网页读取实时数据，以及历史数据、控制继电器等，实现对智慧农业场景的实时监测和控制。如图 2-1-2-18 所示。

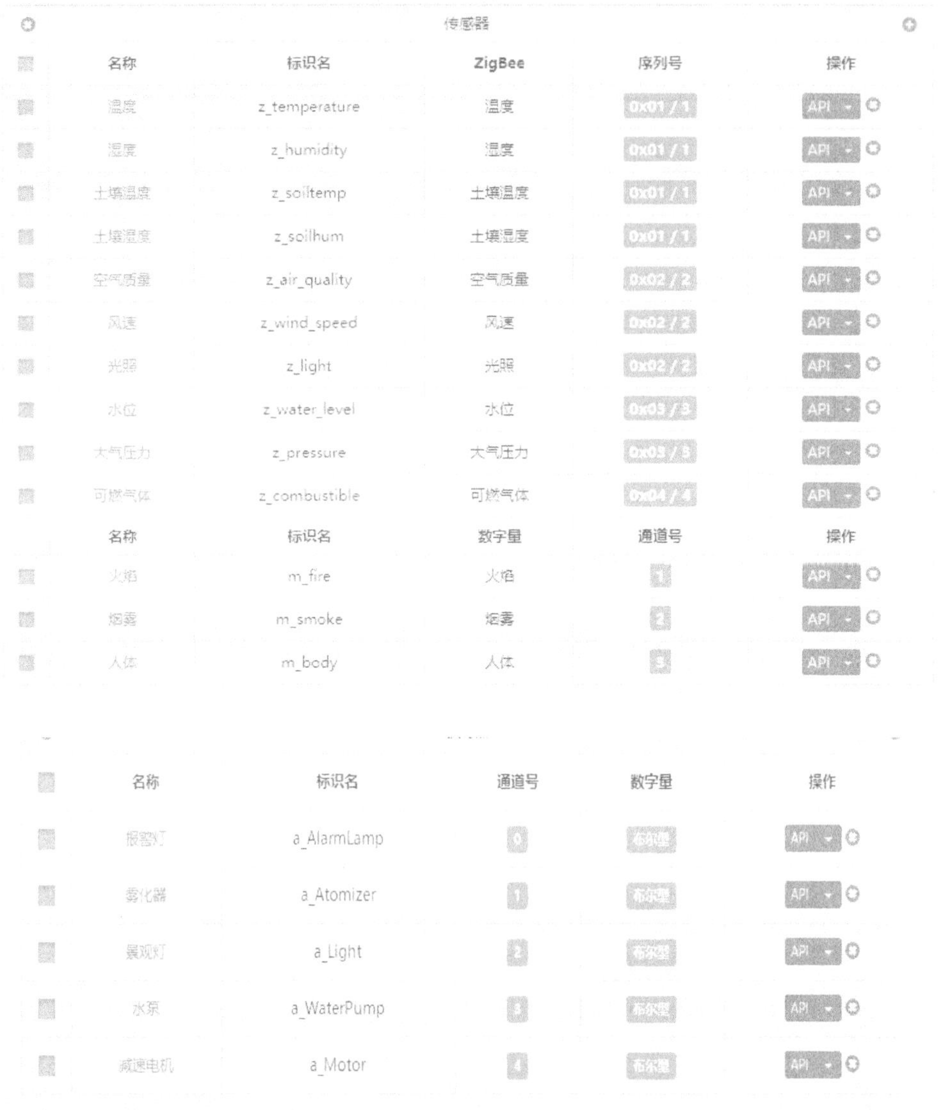

传感器				
名称	标识名	ZigBee	序列号	操作
温度	z_temperature	温度	0x01 / 1	API
湿度	z_humidity	温度	0x01 / 1	API
土壤温度	z_soiltemp	土壤温度	0x01 / 1	API
土壤湿度	z_soilhum	土壤湿度	0x01 / 1	API
空气质量	z_air_quality	空气质量	0x02 / 2	API
风速	z_wind_speed	风速	0x02 / 2	API
光照	z_light	光照	0x02 / 2	API
水位	z_water_level	水位	0x03 / 3	API
大气压力	z_pressure	大气压力	0x03 / 3	API
可燃气体	z_combustible	可燃气体	0x04 / 4	API
名称	标识名	数字量	通道号	操作
火焰	m_fire	火焰	1	API
烟雾	m_smoke	烟雾	2	API
人体	m_body	人体	3	API

名称	标识名	通道号	数字量	操作
报警灯	a_AlarmLamp	0	布尔型	API
雾化器	a_Atomizer	1	布尔型	API
景观灯	a_Light	2	布尔型	API
水泵	a_WaterPump	3	布尔型	API
减速电机	a_Motor	4	布尔型	API

图 2-1-2-18 刷新数据界面

任务三　开发系统应用层

【任务分析】

根据虚拟现实互动体验平台智慧农业 VR 系统的设计需求，选择合适的开发平台，使用面向对象的可视化编程语言和移动端，完成各个功能模块的编码实现，并完成系统测试及发布。智慧农业 VR 系统框图如图 2-1-3-1 所示，包括大棚类型、大棚结构、大棚设备、大棚功能、设备安装和数据监控。

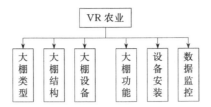

图 2-1-3-1　智慧农业 VR 系统框图

【相关知识】

一、 C# 技术及其开发平台

C♯是微软公司发布的一种面向对象的，运行于 .NET Framework 和 .NET Core（完全开源，跨平台）之上的高级程序设计语言。C♯看起来与 Java 有着惊人的相似，它包括了诸如单一继承、接口，以及与 Java 几乎同样的语法和编译成中间代码再运行的过程，但是 C♯与 Java 有着明显的不同，它借鉴了 Delphi 的一个特点，与 COM（组件对象模型）是直接集成的，而且它是微软公司 .NET Windows 网络框架的主角。

C♯是一种安全的、稳定的、简单的、优雅的，由 C 和 C++衍生出来的面向对象的编程语言。它在继承 C 和 C++强大功能的同时，去掉了一些它们的复杂特性（例如没有宏以及不允许多重继承）。C♯综合了 VB 简单的可视化操作和 C++的运行效率，以其强大的操作能力、优雅的语法风格、创新的语言特性和便捷的面向组件的编程，成为 .NET 开发的首选语言。

C♯是面向对象的编程语言，程序员可以用 C♯快速地编写各种基于 MICROSOFT .NET 平台的应用程序，MICROSOFT .NET 提供了一系列的工具和服务，可以最大限度地用于计算与通信领域的技术开发。

C♯使得程序员可以高效地开发程序，而且可调用由 C/C++编写的本机原生函数，而不会损失 C/C++原有的强大的功能。因为这种继承关系，C♯与 C/C++具有极大的相似性，所以熟悉类似语言的开发者可以很快地转向 C♯的编程开发。

二、 Unity3D 软件

Unity3D 是由 Unity Technologies 开发的专业游戏引擎，可以轻松创建诸如三维视频游戏、建筑可视化、实时三维动画等互动内容的多平台综合型游戏。Unity 类似于 Director、Blender game engine、Virtools 或 Torque Game Builder 等软件，它是利用交互的图形化开发环境为首要方式的软件。其编辑器可运行在 Windows、Linux（目前仅支持 Ubuntu 和 Centos 发行版）、Mac OS X 下，可发布游戏至 Windows、Mac、Wii、iPhone、WebGL（需要 HTML5）、Windows phone 8 和 Android 平台，也可以利用 Unity web player 插件发布网页游戏，支持 Mac 和 Windows 的网页浏览。它的网页播放器也被 Mac 所支持。以下是 Unity3D 的安装教程。

在 Unity 官网，选择下载个人版软件，可以免费使用，功能齐全，但是在应用启动时有 Unity 的动画，软件下载界面如图 2-1-3-2 所示。

图 2-1-3-2　软件下载界面

　　Unity 软件下载完成之后，启动安装程序，同意协议，然后点击 Next，开始安装的界面如图 2-1-3-3 所示。

图 2-1-3-3　Unity 安装界面（1）

　　（1）选择组件：Unity 要求必选 Documentation，建议选上 Standard Assets，如果要做 Android 游戏开发，将 Android Build Support 也选中，其他选项根据自己的需求而定，如图 2-1-3-4 所示。

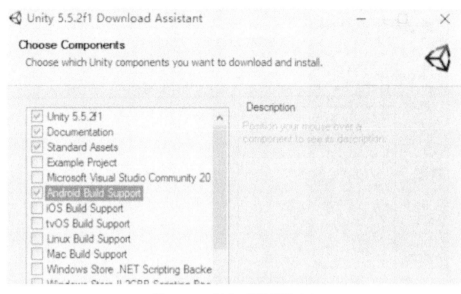

图 2-1-3-4　Unity 安装界面（2）

（2）选择要下载到的路径：Unity install folder 要求选择安装 Unity 的路径，然后等待自动安装即可，如图 2-1-3-5 所示。

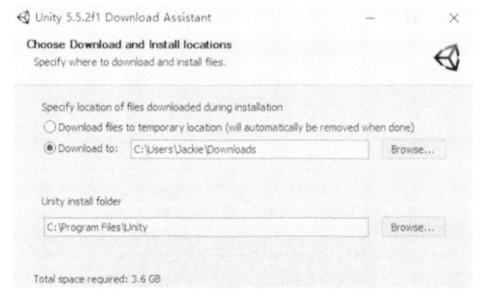

图 2-1-3-5　Unity 安装界面（3）

自动安装完成后界面如图 2-1-3-6 所示，选中 Launch Unity 会启动 Unity。

软件启动后会提示登录，所以需要预先在官网注册账号，在此忽略注册账号的步骤。登录后选择 Personal 个人版，进入项目选择界面，选择第三项，如图 2-1-3-7 所示，就可以使用 Unity3D 软件了。

打开 Unity 软件之后，智慧农业的程序文件就在 Unity 软件左边的 scene 文件夹里，打开 scene 文件夹，点击右边显示框中的 Unity 图标，双击图标打开该场景，如图 2-1-3-8 所示。

图 2-1-3-6　Unity 安装界面（4）

图 2-1-3-7　Unity 安装界面（5）

图 2-1-3-8　Unity 使用界面（1）

也可以通过 Unity3D 打开文件，点击左上角的播放文件播放影像文件，图 2-1-3-9 所示为播放 VR 农闲影像的样例。

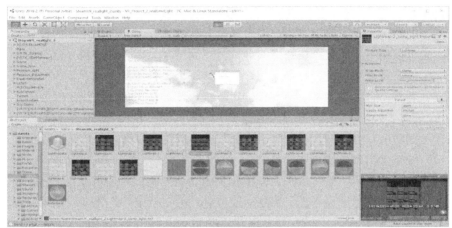

图 2-1-3-9 Unity 使用界面（2）

【任务实施】

一、系统应用层结构

用户打开智慧农业的工程文件，然后启动文件，有六个选项可以选择，分别是大棚结构、大棚类型、大棚设备介绍、大棚功能、设备安装以及数据监控。智慧农业系统结构框架如图 2-1-3-10 所示。

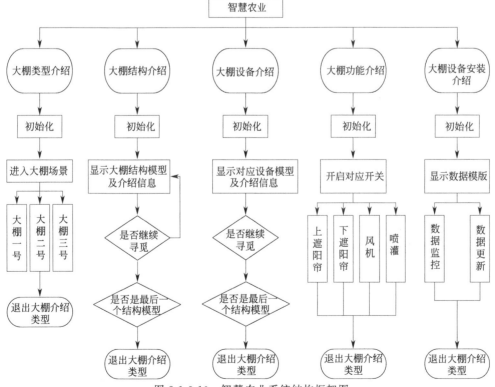

图 2-1-3-10 智慧农业系统结构框架图

点击"大棚类型"时，会进入默认的第一个大棚场景，可以显示场景，同时可以在场景中自由移动，从各个角度观察大棚场景。在浏览完毕后可以通过"退出"按钮，回到默认场景中。

点击"大棚结构"时，移动"用户"至导览开始的地方，会弹出地基的模型及文字介绍框并暂停，也可以按下"圆盘"按钮继续导览，直到整个大棚分层结构介绍完毕。

点击"大棚设备介绍"时，移动"用户"至第一个设备的所在地，会弹出该设备对应的文字介绍框并暂停，也可以按下"圆盘"按钮继续导览，摄像机会按设定好的轨迹介绍下一个设备。

点击"大棚功能"，点击对应的"开关 UI"启动或关闭设备。体验结束后可以点击"退出功能展示"按钮关闭该模块。

点击"大棚设备安装"按钮后进入设备安装的功能模块，并显示设备圆环，以及所要安装的设备提示。如果正确则设备会安装到对应位置，并显示下一个设备；如果错误则会出现红色高亮提示。

点击"数据监控"按钮，弹出"数据监控"面板，并同时开启数据更新线程。当用户不再查看"数据监控"面板时，可点击"关闭"按钮，并同时停止数据更新线程。

二、系统功能模块

(一) 大棚类型

通过 VR 设备，以实景体验的方式去参观塑料温室、塑料日光温室及玻璃温室三种不同类型的农业大棚。近距离去观察三种不同类型的农业大棚在构造、用材、设计上的区别。图 2-1-3-11 所示是大棚类型介绍流程图。

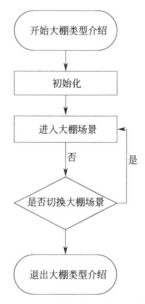

图 2-1-3-11　大棚类型介绍流程图

当用户点击"大棚类型"菜单时，功能初始化后会进入默认的第一个大棚场景，并显示场景切换 UI 及退出 UI，同时在场景中可以自由移动，从各个角度观察大棚场景，如图 2-1-

3-12、图 2-1-3-13 所示。在浏览完毕后可以点击"退出"按钮，回到默认场景中。

图 2-1-3-12 "大棚类型介绍"场景（1）

图 2-1-3-13 "大棚类型介绍"场景（2）

"大棚类型"程序主要代码如下：

1. 程序主要源码：

2. /// ＜summary＞

3.   /// 大棚类型介绍初始化

4.   /// ＜/summary＞

5.   public void Introduction Init()

6. {

7.   //获取用户位置信息

8.   tVRTKDeviceRig = cVRTKDeviceInit. VRDeviceRig();

```
9.        if(tVRTKDeviceRig = = null)
10.      {
11.          return;
12.      }
13.
14.      //获取 UI 对象信息
15.      gSelectPlane = cVRTKDeviceInit.VRDeviceUI().Find("TypeSelectPlane").gameObject;
16.      gSelectPlane.SetActive(false);
17.
18.      //print("HouseType Has Inited");
19.      hasInit = true;
20.
21.    }
22.
23.    /// <summary>
24.    /// 大棚类型介绍启动
25.    /// </summary>
26.    public void Introduction Start()
27. {
28.    //设置用户位置信息
29.      tVRTKDeviceRig.position = newVector3(26f, 0f, 1f);
30.      tVRTKDeviceRig.rotation = Quaternion.Euler(0f, 152f, 0f);
31.
32.      //显示一号大棚对象
33.      gHouse1.SetActive(true);
34.      gSelectPlane.SetActive(true);
35.    }
36.
37.    /// <summary>
38.    /// 大棚类型介绍退出
39.    /// </summary>
40.    public void Introduction End()
41.    {  //重置用户位置信息
42.      tVRTKDeviceRig.transform.position = newVector3(0f, 0f, 0f);
43.      tVRTKDeviceRig.transform.rotation = Quaternion.Euler(0f, 0f, 0f);
44.      //隐藏三个大棚对象
45. gHouse1.SetActive(false);
46.      gHouse2.SetActive(false);
47.      gHouse3.SetActive(false);
48.      gSelectPlane.SetActive(false);
49.    }
50.
51.    /// <summary>
52.    /// 大棚类型选择 +
```

```
53.      /// </summary>
54.      /// <param name = "flag"></param>
55.      public void TypeSelect(int flag)
56.      {
57.          switch(flag)
58.          {
59.              case1：
60.                  {//切换一号大棚对象
61.                      gHouse1.SetActive(true);
62.                      gHouse2.SetActive(false);
63.                      gHouse3.SetActive(false);
64.                  }
65.                  break;
66.              case2：
67.                  {//切换二号大棚对象
68.                      gHouse2.SetActive(true);
69.                      gHouse1.SetActive(false);
70.                      gHouse3.SetActive(false);
71.                  }
72.                  break;
73.              case3：
74.                  {//切换三号大棚对象
75.                      gHouse3.SetActive(true);
76.                      gHouse2.SetActive(false);
77.                      gHouse1.SetActive(false);
78.                  }
79.                  break;
80.              default：
81.                  print("error：input flag is wrong");
82.                  break;
83.          }
84. }
```

（二）大棚结构

以玻璃温室为例，通过电影慢镜头的方式和按照由下到上、由外到内的顺序，为体验者介绍玻璃温室的建筑构造，逐步显示和配以关键对象高亮和文字介绍，能更好地帮助体验者了解玻璃温室的结构。大棚结构介绍流程图如图 2-1-3-14 所示。

当用户点击"大棚结构"按钮时，经过程序功能初始化，移动"用户"至导览开始的地方，可弹出地基的模型及文字介绍框并暂停。当用户观察完毕后，可以按下"圆盘"按钮继续导览，直到整个大棚分层结构介绍完毕。大棚结构介绍场景如图 2-1-3-15～图 2-1-3-17 所示。

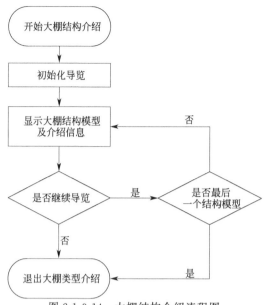

图 2-1-3-14 大棚结构介绍流程图

图 2-1-3-15 大棚结构介绍场景（1）

图 2-1-3-16 大棚结构介绍场景（2）

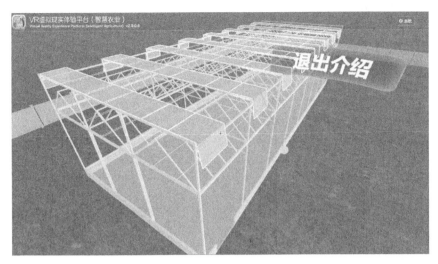

图 2-1-3-17 大棚结构介绍场景（3）

"大棚结构"程序主要代码如下：

```
1.  /// <summary>
2.      /// 大棚分层介绍脚本初始化
3.      /// </summary>
4.      private void PegasusInit()
5.  {
6.          //获取用户位置信息
7.          tVRTKDeviceRig = cVRTKDeviceInit.VRDeviceRig();
8.          if(tVRTKDeviceRig = = null)
9.          {
10.             return;
11.         }
12.         //获取 UI 对象信息
13.         gPopupBox = cVRTKDeviceInit.VRDeviceUI().Find("PegasusPopupBox").gameObject;
14.         gSelectPlane = cVRTKDeviceInit.VRDeviceUI().Find("PegasusSelectPlane").gameObject;
15.         cPopupBox = gPopupBox.GetComponent<PopupBoxMessage>();
16.
17.         //隐藏 UI 对象
18.         gPopupBox.SetActive(false);
19.         gSelectPlane.SetActive(false);
20.
21.         //print("PegasusSplit Has Inited");
22.         hasInit = true;
23.     }
24.
25.     /// <summary>
26.     /// 导览开始
27.     /// </summary>
```

```
28.    public void PegasusStart()
29.    {
30.        //导览的目标对象设置
31.        cPegasusManager.m_target = tVRTKDeviceRig.gameObject;
32.        gHouse.SetActive(true);
33.
34.        //大棚模型分层对象初始化隐藏
35.        foreach (Transform _split in gHouse.transform)
36.        {
37.            _plit.gameObject.SetActive(false);
38.        }
39.
40.
41.        //传送移动功能关闭
42.        cRightController.enableTeleport = false;
43.        //导览启动开始飞行
44.        gPegasusManager.SetActive(true);
45.        gSelectPlane.SetActive(true);
46.        cPegasusManager.StartFlythrough();
47.    }
48.
49.    /// <summary>
50.    /// 导览暂停介绍
51.    /// </summary>
52.    /// <param name = "poi">Pegasus 停留的 poi</param>
53.    /// <param name = "target">导览任务目标对象</param>
54.    public void PegasusPause(PegasusPoi poi, GameObject target)
55.    {
56.        //暂停导览并显示任务目标对象
57.        cPegasusManager.PauseFlythrough();
58.        if(target ! = null)
59.            target.SetActive(true);
60.
61.        //高亮目标对象
62.        cHighlighter = target.GetComponent<Highlighter>();
63.        cHighlighter.ConstantOn(newColor(245, 162, 0));
64.        StartCoroutine(HighlighterWaitOFF());
65.
66.        //弹出 UI
67.        gPopupBox.SetActive(true);
68.        cPopupBox.PopupBoxFill(poi, this.name);
69.    }
70.
71.    /// <summary>
```

```
72.      /// 导览继续
73.      /// </summary>
74.      public void PegasusResume()
75.      {
76.      //继续导览飞行
77.          cPegasusManager.ResumeFlythrough();
78.      //隐藏 UI 对象
79.          if(gPopupBox.activeInHierarchy)
80.          {
81.              gPopupBox.SetActive(false);
82.          }
83.
84.      }
85.
86.
87.      /// <summary>
88.      /// 导览过渡到下一个结点
89.      /// </summary>
90.      /// <param name = "poi">Pegasus 停留的 poi</param>
91.      /// <param name = "target">导览任务目标对象</param>
92.      public void PegasusNext(PegasusPoi poi, GameObject target)
93.      {
94.          cHighlighter.ConstantOff();
95.      }
96.
97.      /// <summary>
98.      /// 导览结束
99.      /// </summary>
100.      public void PegasusEnd()
101.      {
102.          //大棚分层对象隐藏
103.          foreach (Transform _split in gHouse.transform)
104.          {
105.              _split.GetComponent<Highlighter>().ConstantOff();
106.              _split.gameObject.SetActive(false);
107.          }
108.          gHouse.SetActive(false);
109.
110.          //隐藏 UI
111.          gPopupBox.SetActive(false);
112.
113.          //结束导览飞行
114.          cPegasusManager.StopFlythrough();
115.          gPegasusManager.SetActive(false);
```

```
116.
117.        //用户位置信息重置
118.        tVRTKDeviceRig. transform. position = newVector3(0f, 0f, 0f);
119.        tVRTKDeviceRig. transform. rotation = Quaternion. Euler(0f, 0f, 0f);
120.
121.        //传送移动功能开启
122.        cRightController. enableTeleport = true;
123.        gSelectPlane. SetActive(false);
124.
125.    }
126.
127.    /// <summary>
128.    /// 判断 Pegasus 是否处于 Start 状态
129.    /// </summary>
130.    /// <returns></returns>
131.    public bool isPegasusStart()
132.    {
133.        bool isState;
134.
135.        if(cPegasusManager. m_currentState = = PegasusConstants. FlythroughState. Started)
136.        {
137.            isState = true;
138.        }
139.        else
140.        {
141.            isState = false;
142.        }
143.
144.        return isState;
145.    }
146.
147.    /// <summary>
148.    /// 判断 Pegasus 是否处于 Stop 状态
149.    /// </summary>
150.    /// <returns></returns>
151.    public bool isPegasusStop()
152.    {
153.        bool isStop;
154.
155.        if(cPegasusManager. m_currentState = = PegasusConstants. FlythroughState. Stopped)
156.        {
157.            isStop = true;
158.        }
159.        else
```

```
160.        {
161.            isStop = false;
162.        }
163.
164.        return isStop;
165.    }
166.
167.    /// <summary>
168.    /// 判断 Pegasus 是否处于 Pause 状态
169.    /// </summary>
170.    /// <returns></returns>
171.    public bool isPegasusPause()
172.    {
173.        bool isPause;
174.
175.        if(cPegasusManager. m_currentState = = PegasusConstants. FlythroughState. Paused)
176.        {
177.            isPause = true;
178.        }
179.        else
180.        {
181.            isPause = false;
182.        }
183.
184.        return isPause;
185.    }
186.
187.    /// <summary>
188.    /// 判断 Pegasus 是否处于 Init 状态
189.    /// </summary>
190.    /// <returns></returns>
191.    public bool isPegasusInit()
192.    {
193.        bool isInit;
194.
195.        if(cPegasusManager. m_currentState = = PegasusConstants. FlythroughState. Initialising)
196.        {
197.            isInit = true;
198.        }
199.        else
200.        {
201.            isInit = false;
202.        }
203.
```

```
204.            return isInit;
205.        }
206.
207.        /// <summary>
208.        /// 打印 Pegasus 的状态
209.        /// </summary>
210.        public void printPegasusState()
211.        {
212.            print("PegasusSplit : " + cPegasusManager.m_currentState);
213.        }
214.
215.        /// <summary>
216.        /// 判断 Pegasus 是否运行中
217.        /// </summary>
218.        /// <returns></returns>
219.        public bool isPegasusActive()
220.        {
221.            return gPegasusManager.activeSelf;
222.        }
223.
224.        /// <summary>
225.        /// 高亮效果延时关闭
226.        /// </summary>
227.        /// <returns></returns>
228.        IEnumerator HighlighterWaitOFF()
229.        {
230.        //设置延迟时间
231.            yield return new WaitForSeconds(fHighLightOFFtime);
232.            cHighlighter.ConstantOff();
233.        }
```

(三) 大棚设备介绍

在玻璃温室里游览的同时，为体验者介绍农业大棚中所采用的物联网设备。通过文字介绍和高亮提示的方式，让体验者清晰地认识到物联网设备的功能以及设备对应的工作环境。大棚设备介绍流程图如图 2-1-3-18 所示。

当用户点击"大棚设备介绍"按钮时，经过程序功能初始化，移动"用户"至第一个设备的所在地，会弹出该设备对应的文字介绍框并暂停。当用户观察完毕后，可以按下"圆盘"按钮继续导览，摄像机会按设定好的轨迹进行下一个设备的介绍。大棚设备介绍场景如图 2-1-3-19～图 2-1-3-21 所示。

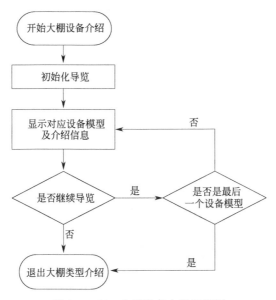

图 2-1-3-18　大棚设备介绍流程图

图 2-1-3-19　大棚设备介绍场景（1）

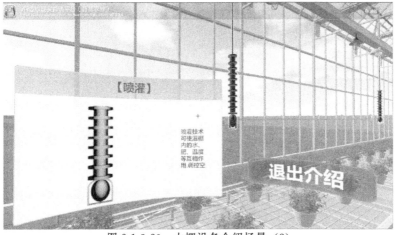

图 2-1-3-20　大棚设备介绍场景（2）

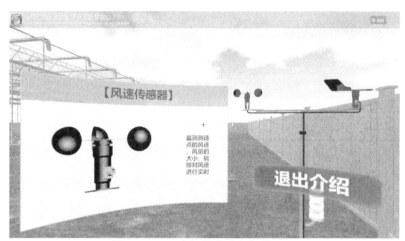

图 2-1-3-21   大棚设备介绍场景（3）

"大棚设备"程序主要代码如下：

```
1.   程序主要源码：
2.      /// ＜summary＞
3.      /// 设备介绍脚本初始化
4.      /// ＜/summary＞
5.      privatevoidPegasusInit()
6.   {
7.      //获取用户对象信息
8.          tVRTKDeviceRig = cVRTKDeviceInit.VRDeviceRig();
9.          if(tVRTKDeviceRig = = null)
10.      {
11.          print("set gVRTKDeviceRig failed");
12.          return;
13.      }
14.      //获取 UI 对象信息
15.      gPopupBox = cVRTKDeviceInit.VRDeviceUI().Find("PegasusPopupBox").gameObject;
16.      cPopupBox = gPopupBox.GetComponent＜PopupBoxMessage＞();
17.      gSelectPlane = cVRTKDeviceInit.VRDeviceUI().Find("PegasusSelectPlane").gameObject;
18.
19.      //隐藏 UI 对象
20.      gPopupBox.SetActive(false);
21.      gSelectPlane.SetActive(false);
22.
23.      hasInit = true;
24.   }
25.
26.      /// ＜summary＞
27.      /// 大棚设备介绍启动
28.      /// ＜/summary＞
29.      public void PegasusStart()
```

```
30.    {
31.        //设置导览的对象信息
32.        cPegasusManager.m_target = tVRTKDeviceRig.gameObject;
33.        //传送移动功能关闭
34.        cRightController.enableTeleport = false;
35.        //打开控制箱
36.        Animator box = gControlBox.GetComponent<Animator>();
37.        box.SetBool("open", true);
38.        box.SetBool("close", false);
39.
40.        //开始导览轨迹飞行
41.        gPegasusManager.SetActive(true);
42.        gSelectPlane.SetActive(true);
43.        cPegasusManager.StartFlythrough();
44.
45.    }
46.
47.    /// <summary>
48.    /// 导览暂停
49.    /// </summary>
50.    /// <param name = "poi"></param>
51.    /// <param name = "gameobject">任务目标对象</param>
52.    public void PegasusPause(PegasusPoi poi, GameObject target)
53.    {
54.        //pegasus 暂停
55.        cPegasusManager.PauseFlythrough();
56.
57.        if(target ! = null)
58.            target.SetActive(true);
59.
60.        //高亮目标对象
61.        cHighlighter = target.GetComponent<Highlighter>();
62.        cHighlighter.ConstantOn(newColor(245, 162, 0f));
63.        StartCoroutine(HighlighterWaitOFF());
64.
65.        //弹出 UI
66.        gPopupBox.SetActive(true);
67.        cPopupBox.PopupBoxFill(poi, this.name);
68.    }
69.
70.    /// <summary>
71.    /// 导览继续
72.    /// </summary>
73.    public void PegasusResume()
```

```
74.   {
75.      //pegasus 继续
76.          cPegasusManager.ResumeFlythrough();
77.          //关闭 UI
78.          gPopupBox.SetActive(false);
79.      }
80.
81.      /// <summary>
82.      /// 导览过渡到下一个点
83.      /// </summary>
84.      /// <param name = "poi"></param>
85.      /// <param name = "gameobject"></param>
86.      public void PegasusNext(PegasusPoi poi, GameObject target)
87.   {
88.      //获取对象的高亮组件信息并关闭高亮
89.          cHighlighter = target.GetComponent<Highlighter>();
90.          cHighlighter.ConstantOff();
91.      }
92.
93.      /// <summary>
94.      /// 导览结束
95.      /// </summary>
96.      public void PegasusEnd()
97.   {
98.      //关闭 UI
99.          gPopupBox.SetActive(false);
100.  gSelectPlane.SetActive(false);
101.
102.          //传送移动功能启动
103.          cRightController.enableTeleport = true;
104.
105.          //Pegasus 结束
106.          cPegasusManager.StopFlythrough();
107.          gPegasusManager.SetActive(false);
108.
109.          //用户位置信息重置
110.          tVRTKDeviceRig.transform.position = newVector3(0f, 0f, 0f);
111.          tVRTKDeviceRig.transform.rotation = Quaternion.Euler(0f, 0f, 0f);
112.
113.          //关上控制箱
114.          Animator box = gControlBox.GetComponent<Animator>();
115.          box.SetBool("open", false);
116.          box.SetBool("close", true);
117.
```

118.
119. }

（四）大棚功能

通过 3D 动画和 VR 设备的帮助，让体验者能亲身体验内外两层遮阳设备、风机和洒水器等物联网设备的实际工作过程，有助于体验者加深对物联网设备的理解。大棚功能介绍流程图如图 2-1-3-22 所示。

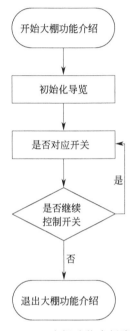

图 2-1-3-22　大棚功能介绍流程图

点击"功能展示"按钮打开设备开关 UI，点击对应的开关 UI 启动或关闭设备。体验结束后可以点击"退出功能展示"按钮关闭该模块。大棚功能展示场景如图 2-1-3-23～图 2-1-3-25 所示。

图 2-1-3-23　大棚功能展示场景（1）

图 2-1-3-24　大棚功能展示场景（2）

图 2-1-3-25　大棚功能展示场景（3）

"大棚功能"程序主要代码如下：

```
1.    /// <summary>
2.    /// 设备开关功能
3.    /// </summary>
4.    /// <param name = "sender"></param>
5.    public void OnValueChanged(GameObject sender)
6.    {
7.    //获取按钮文字对象
8.        string strtitle = sender.transform.Find("Text").GetComponent<Text>().text;
9.        switch(sender.name)
10.       {
11.           case"control_btn_1":
12.               #region 上遮阳帘开关事件
13.               if(gButton1 = = null)
14.               {
15.                   gButton1 = sender;
```

```
16.                    }
17.
18.              //切换开关状态标记
19.              sw_up_sunshade = ! sw_up_sunshade;
20.
21.              //播放声音文件
22.              cListen.PracticalSunplane(sw_up_sunshade);
23.
24.              //遍历上遮阳帘对象并执行动作
25.              foreach (Transform _curtains in gCurtainsUP.transform)
26.              {
27.                  //获取动画控制对象
28.                  Animator ani = _curtains.GetComponent<Animator>();
29.                  if(ani)
30.                  {
31.                      if(sw_up_sunshade)
32.                      {///开启遮阳帘
33.                          ani.SetBool("sp_open", true);
34.                          ani.SetBool("sp_close", false);
35.                      }
36.                      else
37.                      {///关闭遮阳帘
38.                          ani.SetBool("sp_open", false);
39.                          ani.SetBool("sp_close", true);
40.                      }
41.                  }
42.              }
              //向云平台发送命令
43.
44.              cNLECloudHandler.SetActuatorSwitch("a_dianji", sw_up_sunshade);
45.
46.              //切换开关文字显示
47.              if(sw_up_sunshade)
48.                  sender.transform.Find("Text").GetComponent<Text>().text = strtitle.Replace("开", "关");
49.              else
50.                  sender.transform.Find("Text").GetComponent<Text>().text = strtitle.Replace("关", "开");
51.              #endregion
52.              break;
53.          case"control_btn_2":
54.              #region 下遮阳帘开关事件
55.              if(gButton2 == null)
56.              {
57.                  gButton2 = sender;
```

```
58.              }
59.
60.              //切换开关状态标记
61.              sw_down_sunshade = ! sw_down_sunshade;
62.
63.              //播放声音文件
64.              cListen.PracticalSunplane(sw_down_sunshade);
65.
66.              //遍历下遮阳帘对象并执行动作
67.              foreach (Transform _curtains in gCurtainsDowm.transform)
68.              {
69.                  Animator ani = _curtains.GetComponent＜Animator＞();
70.                  if(ani)
71.                  {
72.                      if(sw_down_sunshade)
73.                      {//开启遮阳帘
74.                          ani.SetBool("sp1_open", true);
75.                          ani.SetBool("sp1_close", false);
76.                      }
77.                      else
78.                      {//关闭遮阳帘
79.                          ani.SetBool("sp1_open", false);
80.                          ani.SetBool("sp1_close", true);
81.                      }
82.                  }
83.              }//向云平台发送命令
84.              cNLECloudHandler.SetActuatorSwitch("a_dianji2", sw_up_sunshade);
85.
86.              if(sw_down_sunshade)
87.                  sender.transform.Find("Text").GetComponent＜Text＞().text = strtitle.Replace("开", "关");
88.              else
89.                  sender.transform.Find("Text").GetComponent＜Text＞().text = strtitle.Replace("关", "开");
90.              #endregion
91.              break;
92.          case"control_btn_3":
93.              #region 风机开关
94.              if(gButton3 == null)
95.              {
96.                  gButton3 = sender;
97.              }
98.              //切换开关状态标记
99.              sw_fans = ! sw_fans;
```

```
100.
101.             //播放声音文件
102.             cListen. PracticalFan(sw_fans);
103.
104.             //向云平台发送命令
105.             cNLECloudHandler. SetActuatorSwitch("m_fan", sw_fans);
106.
107.             //遍历风机对象并执行动作
108.             foreach (GameObject _fans in GameObject. FindGameObjectsWithTag("fans"))
109.             {
110.                 _fans. GetComponent<ObjectRotate>(). bl_rotate = sw_fans;
111.             }
112.             //控制后窗扇叶
113.             foreach (GameObject _rotate in GameObject. FindGameObjectsWithTag("rotate"))
114.             {
115.                 if(sw_fans)//开启扇叶
116.                     _rotate. transform. localRotation = Quaternion. Euler(75.0f, 0f, 0.0f);
117.                 Else//关闭扇叶
118.                     _rotate. transform. localRotation = Quaternion. Euler(0.0f, 0f, 0.0f);
119.             }
120.             //切换按钮开关文字显示
121.             if(sw_fans)
122.                 sender. transform. Find("Text"). GetComponent<Text>(). text = strtitle. Replace("开", "关");
123.             else
124.                 sender. transform. Find("Text"). GetComponent<Text>(). text = strtitle. Replace("关", "开");
125.             #endregion
126.             break;
127.         case"control_btn_4":
128.             #region 喷灌事件
129.             if(gButton4 == null)
130.             {
131.                 gButton4 = sender;
132.             }
133.             if(gWaterfall)
134.             {   //切换开关状态标记
135.                 sw_waterfall = ! sw_waterfall;
136.
137.                 //向云平台发送命令
138.                 cNLECloudHandler. SetActuatorSwitch("a_Atomizer", sw_waterfall);
139.                 cNLECloudHandler. SetActuatorSwitch("a_WaterPump", sw_waterfall);
140.
141.                 //播放声音文件
```

```
142.                    cListen. PracticalWater(sw_waterfall);
143.
144.                    //遍历喷灌浪花对象并执行动作
145.                    foreach (Transform _chlid in gWaterfall. transform)
146.                    {
147.                        _chlid. gameObject. SetActive(sw_waterfall);
148.                    }
149.
150.                    //切换按钮开关文字显示
151.                    if(sw_waterfall)
152.                        sender. transform. Find("Text"). GetComponent<Text>(). text = strti-
    tle. Replace("开", "关");
153.                    else
154.                        sender. transform. Find("Text"). GetComponent<Text>(). text = strti-
    tle. Replace("关", "开");
155.                    }
156.                    #endregion
157.                    break;
158.            default:
159.                    break;
160.
161.        }
162. }
163.
164.    //关闭所有功能
165.    private void AllFunctionClose()
166.    {
167.    //播放音效
168.        cListen. PracticalFan(false);
169.        //遍历并关闭上遮阳帘
170.        foreach (Transform _curtains in gCurtainsUP. transform)
171.        {
172.            Animator ani = _curtains. GetComponent<Animator>();
173.            ani. SetBool("sp_open", false);
174.            ani. SetBool("sp_close", true);
175.
176.        }
177.
178.        //遍历并关闭下遮阳帘
179.        foreach (Transform _curtains in gCurtainsDowm. transform)
180.        {
181.            Animator ani = _curtains. GetComponent<Animator>();
182.            ani. SetBool("sp1_open", false);
183.            ani. SetBool("sp1_close", true);
```

```
184.        }
185.
186.        //遍历并关闭风机
187.        foreach (GameObject _fans in GameObject.FindGameObjectsWithTag("fans"))
188.        {
189.            _fans.GetComponent<ObjectRotate>().bl_rotate = false;
190.        }
191.        //遍历并关闭扇叶
192.        foreach (GameObject _rotate in GameObject.FindGameObjectsWithTag("rotate"))
193.        {
194.            _rotate.transform.localRotation = Quaternion.Euler(0.0f, 0f, 0.0f);
195.        }
196.
197.        //关闭喷灌
198.        foreach (Transform _chlid in gWaterfall.transform)
199.        {
200.            _chlid.gameObject.SetActive(false);
201.        }
202.
203.        //切换按钮文字显示
204.        if(gButton1 ! = null)
205.        {
206.            string strtitle = gButton1.transform.Find("Text").GetComponent<Text>().text;
207.            gButton1.transform.Find("Text").GetComponent<Text>().text = strtitle.Replace
    ("关","开");
208.        }
209.        //切换按钮文字显示
210.        if(gButton2 ! = null)
211.        {
212.            string strtitle = gButton2.transform.Find("Text").GetComponent<Text>().text;
213.            gButton2.transform.Find("Text").GetComponent<Text>().text = strtitle.Replace
    ("关","开");
214.        }
215.        //切换按钮文字显示
216.        if(gButton3 ! = null)
217.        {
218.            string strtitle = gButton3.transform.Find("Text").GetComponent<Text>().text;
219.            gButton3.transform.Find("Text").GetComponent<Text>().text = strtitle.Replace
    ("关","开");
220.        }
221.        //切换按钮文字显示
222.        if(gButton4 ! = null)
223.        {
224.            string strtitle = gButton4.transform.Find("Text").GetComponent<Text>().text;
```

```
225.            gButton4.transform.Find("Text").GetComponent<Text>().text = strtitle.Replace
     ("关","开");
226.        }
227.
228.    }
229.
230.    /// <summary>
231.    /// 大棚功能展示脚本初始化
232.    /// </summary>
233.    private void HouseFunctionInit()
234.    {
235.    //获取用户对象信息
236.        tVRTKDeviceRig = cVRTKDeviceInit.VRDeviceRig();
237.        if(tVRTKDeviceRig == null)
238.        {
239.            print("HouseFuncion Init Error");
240.            return;
241.        }
242.    //获取 UI 对象信息
243.        gSelectPlane = cVRTKDeviceInit.VRDeviceUI().Find("FunctionSelectPlane").gameObject;
244.        gSelectPlane.SetActive(false);
245.
246.        //print("HouseFunciton Has Inited");
247.        hasInit = true;
248.    }
249.
250.    /// <summary>
251.    /// 大棚功能展示启动
252.    /// </summary>
253.    public void ShowStart()
254.    {
255.    //重置用户位置信息
256.        tVRTKDeviceRig.position = new Vector3(0f, 0f, 0f);
257.        tVRTKDeviceRig.rotation = Quaternion.Euler(0f, 0f, 0f);
258.
259.        //显示 UI
260.        gSelectPlane.SetActive(true);
261.    }
262.
263.    /// <summary>
264.    /// 大棚功能展示退出
265.    /// </summary>
266.    public void ShowEnd()
267.    {
```

```
268.    //关闭所有功能
269.        AllFunctionClose();
270.        //重置用户位置信息
271.        tVRTKDeviceRig.transform.position = new Vector3(0f, 0f, 0f);
272.        tVRTKDeviceRig.transform.rotation = Quaternion.Euler(0f, 0f, 0f);
273.    //关闭 UI
274.        gSelectPlane.SetActive(false);
275. }
```

(五) 设备安装

让用户在农业大棚中设定好的各个视角区域，通过 VR 设备选择当前所需要安装的物联网设备，了解物联网设备的设置和安装方式，并设置有错误提示和简单的过渡动画，以及文字提示帮助。大棚设备安装流程图如图 2-1-3-26 所示。

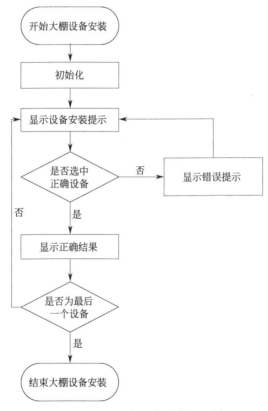

图 2-1-3-26　大棚设备安装流程图

用户点击"大棚设备安装"按钮后进入设备安装的功能模块。视角移动到既定的第一个位置，并显示设备圆环，以及所要安装的设备提示。用手柄指针指向设备圆环上的设备时会显示设备名称，按下"圆盘确定"键则会进行正确判断。如果正确则设备会安装到对应位置，并显示下一个设备；如果错误则会出现红色高亮提示。设备安装场景如图 2-1-3-27～图 2-1-3-29 所示。

图 2-1-3-27　设备安装场景（1）

图 2-1-3-28　设备安装场景（2）

图 2-1-3-29　设备安装场景（3）

"设备安装"程序主要代码如下：

```
1.   /// <summary>
2.   /// 设备安装脚本初始化
3.   /// </summary>
4.     private void InstallInit()
5.   {
6.     //获取用户位置信息
7.         tVRTKDeviceRig = cVRTKDeviceInit.VRDeviceRig();
8.         if (tVRTKDeviceRig == null)
9.         {
10.             return;
11.         }
12.
13.         //获取设备选择面板和设备选择对象列表初始化
14.         gEquipmentSelectPlane = tVRTKDeviceRig.Find("EquipmentSelectPlane").gameObject;
15.         foreach (Transform _temp in gEquipmentSelectPlane.transform)
16.         {
17.             if (_temp.name != "Canvas_menu")
18.             {
19.                 lEquipmentSelect.Add(_temp.gameObject);
20.             }
21.         }
22.
23.         //获取 UI 对象
24.          gInstallSelectPlane = cVRTKDeviceInit.VRDeviceUI().Find("InstallSelectPlane").
     gameObject;
25.
26.         //隐藏 UI
27.         gEquipmentSelectPlane.SetActive(false);
28.         gInstallSelectPlane.SetActive(false);
29.         //print("EquipmentInstall Has Inited");
30.         hasInit = true;
31.     }
32.
33.   /// <summary>
34.   /// 设备安装开始
35.   /// </summary>
36.     public void InstallStart()
37.     {
38.         //遍历设备并隐藏
39.         foreach (GameObject _temp in lEquipmentObj)
40.         {
41.             _temp.SetActive(false);
42.         }
```

```
43.          gEquipmentSelectPlane.SetActive(true);
44.
45.          //隐藏文字提示
46.          foreach (GameObject _t in lEquipmentInstallTips)
47.          {
48.              _t.GetComponent<EquipmentTips>().CloseTips();
49.          }
50.
51.          //初始化设备选择脚本
52.          foreach (GameObject _temp in lEquipmentSelect)
53.          {
54.              _temp.SetActive(true);
55.              _temp.GetComponent<EquipmentSelect>().EquipmentInit();
56.          }
57.
58.          //退出按钮显示
59.          gInstallSelectPlane.SetActive(true);
60.
61.          //打开控制箱
62.          Animator box = gControlBox.GetComponent<Animator>();
63.          box.SetBool("open", true);
64.          box.SetBool("close", false);
65.
66.          //第一个设备安装位置
67.          tVRTKDeviceRig.position = lPoiTransform[iTransformFlag].position;
68.          tVRTKDeviceRig.rotation = lPoiTransform[iTransformFlag].rotation;
69.
70.          //设置第一个目标设备
71.          gTaskTargetNow = lEquipmentObj[iEquipmentFlag];
72.
73.          //设置第一个设备安装位置提示
74.          lEquipmentInstallTips[iEquipmentFlag].SetActive(true);
75.          cHighlighter = lEquipmentInstallTips[iEquipmentFlag].GetComponent<Highlighter>();
76.          cHighlighter.ConstantOn(new Color(245f, 162f, 0f));
77.          lEquipmentInstallTips[iEquipmentFlag].GetComponent<EquipmentTips>().OpenTips();
78.
79.          //传送移动功能关闭
80.          cRightController.enableTeleport = false;
81.          hasStarted = true;
82.          print("EquiomentInstall has started");
83.      }
84.
85.  /// <summary>
86.  /// 设备安装下一步
```

```
87.      /// </summary>
88.      public void InstallNext()
89.      {
90.          //安装后设备显示
91.          gTaskTargetNow.SetActive(true);
92.          StartCoroutine(WaitFor());
93.
94.          //关闭当前设备安装位置提示
95.          cHighlighter.ConstantOff();
96.          lEquipmentInstallTips[iEquipmentFlag].SetActive(false);
97.
98.          //判断是否最后一个设备
99.          if (iEquipmentFlag == 11)
100.         {
101.             //设备安装介绍
102.             InstallEnd();
103.             return;
104.         }
105.
106.         //更新设备顺位,位置,目标设备
107.         iEquipmentFlag += 1;
108.         //判断是否要更新位置
109.         if (iEquipmentFlag == 3 || iEquipmentFlag == 4 || iEquipmentFlag == 6
110.             || iEquipmentFlag == 7 || iEquipmentFlag == 8 || iEquipmentFlag == 9)
111.         {
112.             iTransformFlag += 1;
113.             //移动用户到下一个安装位置
114.             tVRTKDeviceRig.position = lPoiTransform[iTransformFlag].position;
115.             tVRTKDeviceRig.rotation = lPoiTransform[iTransformFlag].rotation;
116.         }
117.         gTaskTargetNow = lEquipmentObj[iEquipmentFlag];
118.
119.         //开启下一个设备安装位置提示
120.         lEquipmentInstallTips[iEquipmentFlag].SetActive(true);
121.         cHighlighter = lEquipmentInstallTips[iEquipmentFlag].GetComponent<Highlighter>();
122.         cHighlighter.ConstantOn(new Color(245, 162, 0f));
123. lEquipmentInstallTips[iEquipmentFlag].GetComponent<EquipmentTips>().OpenTips();
124.
125.     }
126.
127.     /// <summary>
128.     /// 设备安装结束
129.     /// </summary>
130.     public void InstallEnd()
```

```
131.    {
132.        //遍历并关闭所有安装位置的高亮提示
133.        foreach (GameObject _temp in lEquipmentInstallTips)
134.        {
135.            _temp.GetComponent<Highlighter>().ConstantOff();
136.        }
137.        //遍历并关闭所有安装对象的文字提示
138.        foreach (GameObject _t in lEquipmentInstallTips)
139.        {
140.            _t.GetComponent<EquipmentTips>().CloseTips();
141.        }
142.        //遍历并显示还没安装上的设备
143.        foreach (GameObject _temp in lEquipmentObj)
144.        {
145.            _temp.SetActive(true);
146.        }
147.
148.        //关闭控制箱
149.        Animator box = gControlBox.GetComponent<Animator>();
150.        box.SetBool("open", false);
151.        box.SetBool("close", true);
152.
153.        //用户位置信息重置
154.        tVRTKDeviceRig.position = new Vector3(0f, 0f, 0f);
155.        tVRTKDeviceRig.rotation = Quaternion.Euler(0f, 0f, 0f);
156.
157.        //顺位标记归零
158.        iEquipmentFlag = 0;
159.        iTransformFlag = 0;
160.
161.        //关闭 UI
162.        gEquipmentSelectPlane.SetActive(false);
163.        gInstallSelectPlane.SetActive(false);
164.
165.        //传送移动功能开启
166.        cRightController.enableTeleport = true;
167.
168.        hasStarted = false;
169.    }
170.
171.    /// <summary>
172.    /// 设备安装是否正常检查
173.    /// </summary>
174.    private bool InstallCheckup()
```

```
175.    {
176.        //判断标记是否正确
177.        if (gTaskSelectNow.name = = ("Select_" + gTaskTargetNow.name))
178.        {
179.            return true;
180.        }
181.        else
182.        {
183.            return false;
184.        }
185.    }
186.
187.    //设备安装检查按钮
188.    public void InstallCheckupButton()
189.    {
190.        if (gTaskSelectNow = = null)
191.        {
192.            print("error : gTaskSelectNow is null");
193.            return;
194.        }
195.
196.    //设备安装检查按钮
197.        gTaskSelectNow.GetComponent<EquipmentSelect>().EquipmentSelectAction(InstallCheckup());
198.    }
199.
200.    /// <summary>
201.    /// 返回设备安装组件是否在运行
202.    /// </summary>
203.    /// <returns></returns>
204.    public bool isInstallSteated()
205.    {
206.        return hasStarted;
207.    }
208.
209.    //选中设备并标记
210.    public void SelectNow(GameObject select, out Transform target)
211.    {//获取选中的设备对象
212.        gTaskSelectNow = select;
213.        //标记选中设备
214.    target = gTaskTargetNow.transform;
215.    }
216.
217.    //清空选中的设备对象
218.    public void SelectNull()
```

```
219.    {
220.        gTaskSelectNow = null;
221.    }
```

（六）数据监控

通过新大陆物联网云平台采集已经布置好的物联网传感器数据，并在 VR 环境下展现出来，能让体验者直观地了解物联网设备的工作状况。数据监控流程图如图 2-1-3-30所示。

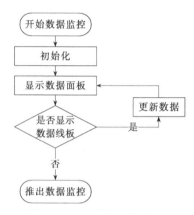

图 2-1-3-30　数据监控流程图

点击"数据监控"按钮，打开"数据监控"面板（图 2-1-3-31），并同时开启数据更新线程。当用户不再查看数据监控面板时，点击"关闭"按钮。并同时停止数据更新线程。

图 2-1-3-31　"数据监控"面板

"数据监控"程序主要代码如下：

```
1.    /// ⟨summary⟩
2.    /// 切换云平台数据面板的显示状态
3.    /// ⟨/summary⟩
4.    /// ⟨param name = "isDisplay"⟩⟨/param⟩
```

```
5.      public void PlaneToggle(bool isDisplay)
6.      {
7.          gNLECloudPlane.SetActive(isDisplay);
8.      }
9.
10.     /// <summary>
11.     /// 云平台数据的更新
12.     /// </summary>
13.     public void ValueUpdate()
14.     {
15.         if (cNLECloud.DeviceOnline())
16.         {
17.             //更新温度数据
18.             lValueText[0].text = cNLECloud.GetSensorValue("m_temperature") + "℃ ";
19.             //更新湿度数据
20.             lValueText[1].text = cNLECloud.GetSensorValue("m_humidity") + "%RH";
21.             //大气压力
22.             lValueText[2].text = cNLECloud.GetSensorValue("m_pressure") + "kpa";
23.             //光照强度
24.             lValueText[3].text = cNLECloud.GetSensorValue("m_light") + "lx";
25.             //风速
26.             lValueText[4].text = cNLECloud.GetSensorValue("m_wind_speed") + "m/s";
27.             //风向
28.             lValueText[5].text = cNLECloud.GetSensorValue("ag_wind_direction") + "°";
29.             //土壤温度
30.             lValueText[6].text = cNLECloud.GetSensorValue("m_soil_temperature") + "℃ ";
31.             //土壤湿度
32.             lValueText[7].text = cNLECloud.GetSensorValue("m_soil_humidity") + "%RH";
33.             //水位
34.             lValueText[8].text = cNLECloud.GetSensorValue("m_water_level") + "m";
35.
36.             //人体红外感应
37.             if (cNLECloud.GetSensorValue("m_body") == 1)
38.             {
39.                 lValueText[9].text = "有";
40.             }
41.             else
42.             {
43.                 lValueText[9].text = "无";
44.             }
45.
46.             //火焰传感
47.             if (cNLECloud.GetSensorValue("m_fire") == 1)
48.             {
```

```
49.                    lValueText[10].text = "有";
50.                }
51.            else
52.                {
53.                    lValueText[10].text = "无";
54.                }
55.
56.            //警报灯开关
57.            if (cNLECloud.GetSensorValue("a_AlarmLamp") == 1)
58.                {
59.                    lValueText[11].text = "开启";
60.                }
61.            else
62.                {
63.                    lValueText[11].text = "关闭";
64.                }
65.
66.            //雾化器开关
67.            if (cNLECloud.GetSensorValue("a_Atomizer") == 1)
68.                {
69.                    lValueText[12].text = "开启";
70.                }
71.            else
72.                {
73.                    lValueText[12].text = "关闭";
74.                }
75.
76.            //水泵开关
77.            if (cNLECloud.GetSensorValue("a_WaterPump") == 1)
78.                {
79.                    lValueText[13].text = "开启";
80.                }
81.            else
82.                {
83.                    lValueText[13].text = "关闭";
84.                }
85.
86.            //上遮阳帘开关
87.            if (cNLECloud.GetSensorValue("a_dianji") == 1)
88.                {
89.                    lValueText[14].text = "开启";
90.                }
91.            else
92.                {
```

```
93.              lValueText[14].text = "关闭";
94.          }
95.
96.          //下遮阳帘开关
97.          if (cNLECloud.GetSensorValue("a_dianji2") = = 1)
98.          {
99.              lValueText[14].text = "开启";
100.         }
101.         else
102.         {
103.             lValueText[14].text = "关闭";
104.         }
105.     }
106. }
```

【归纳总结】

智慧农业系统的感知层利用 ZigBee 网络，把各类传感器的数据采集到系统网关，系统传输层把数据传送到云平台，系统应用层采集到传输层传递过来的数据后，利用 C♯ 语言和 3D 平台开发出项目需要的数据显示和控制界面，完成整个智慧农业系统的控制和应用。整个系统开发工作运用到底层硬件的开发、网关配置、云平台配置、上位机开发等多种技术，组成了一个完整的物联网项目系统开发流程。

练习与实训

1. ZigBee 的应用场景有哪些？试举例说明。
2. 搜索常用的云平台，试试连接并应用。

项目二 智 慧 物 流

任务一 组建系统感知层

【任务分析】

利用射频识别技术、传感器技术等物联网技术、通过信息处理和网络通信技术平台，智慧物流系统广泛应用于物流业运输、仓储、配送等基本活动环节，实现货物运输过程的自动化运作和高效率优化管理，提高物流行业的服务水平，降低成本，减少自然资源和社会资源消耗。基于物联网技术的智慧物流系统设计拓扑图如图 2-2-1-1 所示。

根据智慧物流系统的要求，系统感知层需要采集温湿度传感器数据、控制报警灯、RFID 读卡器等执行机构，然后把数据传送给物联网感知层。温湿度传感器数据和报警灯采用 NB-IoT 技术，进行传感器数据的采集和执行机构的操作，四通道读卡器直连串口服务器和上位机通信。

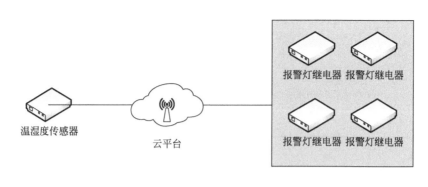

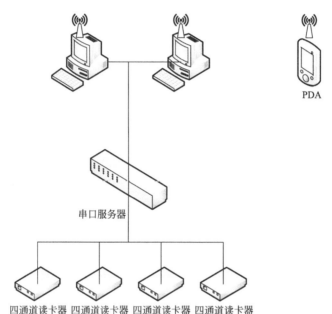

图 2-2-1-1　智慧物流系统设计拓扑图

【相关知识】

一、NB-IoT 技术

NB-IoT（Narrow Band Internet of Things），为窄带物联网技术，已成为万物互联网络的一个重要分支。NB-IoT 构建于蜂窝网络，只消耗大约 180kHz 的带宽，可直接部署于 GSM 网络、UMTS 网络或 LTE 网络，以降低部署成本，实现平滑升级。

随着智能城市、大数据时代的来临，无线通信将实现万物连接，预计未来全球物联网连接数将是千亿级的时代。目前已经出现了大量物与物的连接，然而这些连接大多通过蓝牙、WiFi 等短距通信技术承载，而非运营商移动网络。为了满足不同的物联网业务需求，根据物联网业务特征和移动通信网络特点，3GPP 根据窄带业务应用场景，开展了增强移动通信网络功能的技术研究，以适应蓬勃发展的物联网业务需求。

（一）NB-IoT 的网络体系架构

NB-IoT 网络结构如图 2-2-1-2 所示。

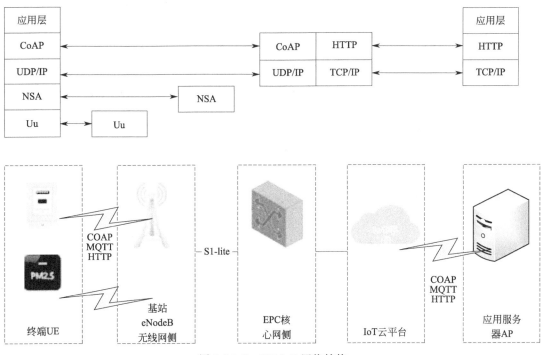

图 2-2-1-2　NB-IoT 网络结构

（1）NB-IoT 终端 UE（User Equipment）：应用层采用 CoAP 协议，通过空口连接到基站。

（2）eNodeB（evolved Node B，E-UTRAN 基站）：主要承担空口接入处理、小区管理等相关功能，并通过 S1-lite 接口与 IoT 核心网进行连接，将非接入层数据转发给高层网元处理。

（3）EPC 核心网（Evolved Packet Core network）：承担与终端非接入层交互的功能，并将 IoT 业务相关数据转发到 IoT 平台进行处理。同理，这里可以 NB 独立组网，也可以与 LTE 共用核心网。

（4）IoT 平台：汇聚从各种接入网得到的 IoT 数据，并根据不同类型转发至相应的业务应用器进行处理。

（5）应用服务器 AP（App Server）：是 IoT 数据的最终汇聚点，根据客户的需求进行数据处理等操作。应用服务器通过 HTTP/HTTPs 协议和平台通信，通过调用平台的开放 API 来控制设备，平台把设备上报的数据推送给应用服务器。

（二）NB-IoT 的特点

NB-IoT 是 IoT 领域一个新兴的技术，支持低功耗设备在广域网的蜂窝数据连接，也被叫作低功耗广域网（LPWAN）。NB-IoT 支持待机时间长、对网络连接要求较高设备的高效连接。使用 NB-IoT 设备的电池寿命可以超过 10 年，同时还能提供非常全面的室内蜂窝数据实现连接全覆盖。

基于蜂窝通信技术的 NB-IoT 具备四大特点：①广覆盖，在同样的频段下，覆盖能力将比现有网络增益 20dB，相当于提升了 100 倍覆盖区域的能力；②具备支撑连接的能力，

NB-IoT 一个扇区能够支持 10 万个连接，具有低延时敏感度、超低设备成本、低设备功耗和优化的网络架构；③更低功耗，NB-IoT 终端设备在每日传输少量数据的情况下，电池运行时间至少 10 年；④更低的模块成本，企业预期的单个连接模块不超过 5 美元。

NB_IoT 聚焦于低功耗、广覆盖物联网市场，是一种可在全球范围内广泛应用的新兴技术。NB-IoT 使用授权频段，可采取带内、保护带或独立载波三种部署方式，与现有网络共存。因为 NB-IoT 自身具备的低功耗、广覆盖、低成本、大容量等优势，使其可以广泛应用于多种行业，如远程抄表、资产跟踪、智能停车、智慧农业等。

二、开发平台

（一）MDK-ARM 软件简介

1. 系统概述

Keil 公司开发的 ARM 开发工具 MDK，是用来开发基于 ARM 核的系列微控制器的嵌入式应用程序。它适合不同层次的开发者使用，包括专业的应用程序开发工程师和嵌入式软件开发的入门者。MDK 包含了工业标准的 Keil C 编译器、宏汇编器、调试器、实时内核等组件，支持所有基于 ARM 的设备，能帮助工程师按照计划完成项目。

2. 软件安装

（1）下载安装包并安装。从 Keil 官网（www. keil. com）下载 MDK-ARM 的安装包，如："MDK528A. EXE"。安装包下载完毕后，双击"运行"进入安装界面，根据向导提示点击"Next"按钮，安装目录保持默认即可，如图 2-2-1-3 所示。

图 2-2-1-3　MDK-ARM 的默认安装目录

安装成功后，系统将进入软件包安装欢迎界面，如图 2-2-1-4 所示。

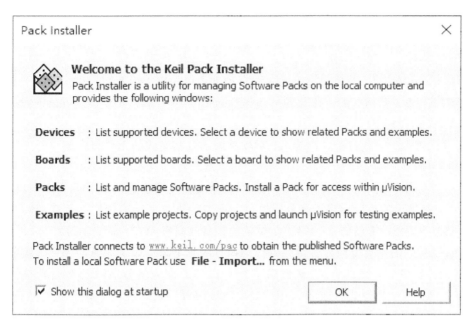

图 2-2-1-4　Pack Installer 欢迎界面

（2）安装软件包。点击图 2-2-1-4 中的"OK"按钮之后，将会进入软件包的安装主界面，如图 2-2-1-5 所示。

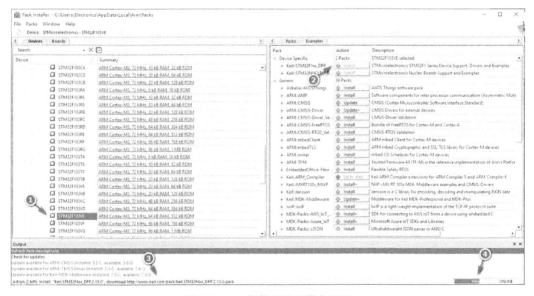

图 2-2-1-5　软件包的安装主界面

在 Pack Installer 窗口左半部的 Device 列表，选择相应的 STM32 微控制器型号，如：STM32F103VE（图 2-2-1-5 中的标号①处），然后点击右侧的"Install"按钮进行在线安装（图 2-2-1-5 中的标号②处），同时可通过图中标号④处的进度条观察安装进度。如果下载速度较慢，可使用下载工具进行下载，将图 2-2-1-5 中标号③处的网址复制到下载工具中即可。

（二）STM32CubeMX 软件简介

1. 系统概述

STM32CubeMX 是 ST 公司推出的一种自动创建单片机工程及初始化代码的工具，适用于旗下所有 STM32 系列产品。此软件可以作为 eclipse 插件形式安装，也可以单独运行，需要安装 JAVA 运行环境。

建议采用管理员方式运行，因为 ST 对软件版本及其集成的库更新频繁，若无管理员权限容易安装失败。

STM32CubeMX 集成了 HAL 库和 LL 库，生成的代码也是基于这两个库。HAL 库是 ST 标准库之后推出的，设计采用高分层思想，当工程更改主控芯片后，所有函数几乎不需要任何更改。ST 公司推出的 F7 系列 32 位单片机目前只有 HAL 库和 LL 库。

由于 HAL 库的高封装性，必然导致代码执行效率不高。如果编译器优化等级低，产生的二进制文件比较大。因此，ST 又推出了 LL 库。LL 库大多数 API 函数是直接调用寄存器，且很多函数写成宏形式，或者采用 __ INLINE 内联函数，提高了代码执行效率。HAL 库和 LL 库按外设模块设计，配置时可选择响应模块，采用不同的库。

2. STM32CubeMX 的安装

（1）下载安装包并安装。STM32CubeMX 软件的运行依赖 Java Run Time Environment（简称 JRE），因此，在安装前到 Java 的官网 https：//www.java.com 下载 JRE，可以根据操作系统选择 32 位或 64 位版本进行下载并安装。

STM32CubeMX 软件可访问其主页（https：//www.st.com/stm32cube）获取，其安装过程也比较简单，根据安装向导操作即可。

（2）嵌入式软件包的安装。打开安装好的 STM32CubeMX 软件，点击"Help"菜单（图 2-2-1-6 中标号①处），选择"Manage embedded software packages"选项（图 2-2-1-6 中标号②处）进入嵌入式软件包管理界面。

图 2-2-1-6　STM32Cube 嵌入式软件包的安装

选择相应的 STM32 微控制器系列，如：STM32F1 Series（图 2-2-1-6 中的标号③处），然后点击"Install Now"按钮（图 2-2-1-6 中的标号④处），即可下载并安装嵌入式软件包。

【任务实施】

一、系统感知层硬件设计

（一）利尔达 NB86-G 模块

利尔达 NB86-G 模块是基于 HISILICON Hi2110 的 Boudica 芯片开发的，如图 2-2-1-7 所示，该模块为全球领先的 NB-IoT 无线通信模块，符合 3GPP 标准，支持 Band1、Band3、Band5、Band8、Band20、Band28 不同频段，具有体积小、功耗低、传输距离远、抗干扰能力强等特点。

图 2-2-1-7 NB86-G 模块

1. NB86-G 模块的特性和引脚

NB86-G 模块支持的部分 Band 说明，如表 2-2-1-1 所示。

表 2-2-1-1 NB86-G 模块支持的部分 Band

频段	上行频段	下行频段	网络制式
Band 01	1920MHz～1980MHz	2110MHz～2170MHz	H～FDD
Band 03	1710MHz～1785MHz	1805MHz～1880MHz	H～FDD
Band 05	824MHz～849MHz	869MHz～894MHz	H～FDD
Band 08	880MHz～915MHz	925MHz～960MHz	H～FDD
Band 20	832MHz～862MHz	791MHz～821MHz	H～FDD
Band 28	703MHz～748MHz	758MHz～803MHz	H～FDD

NB86-G 模块主要特性如下。

① 模块封装：LCC and Stamp hole package；

② 超小模块尺寸：20mm×16mm×2.2mm，重量 1.3g；

③ 超低功耗：≤$3\mu A$；

④ 工作电压：VBAT 3.1V～4.2V（Tye：3.6V）；VDD_IO（Tye：3.0V）；

⑤ 发射功率：23dBm±2dB（Max），最大链路预算比 GPRS 或 LTE 提升 20dB，最大耦合损耗 MCL 为 164dBm；

⑥ 提供 2 路 UART 接口、1 路 SIM/USIM 卡通信接口、1 个复位引脚、1 路 ADC 接口、1 个天线接口（特性阻抗 50Ω）；

⑦ 支持 3GPP Rel.13/14 NB-IoT 无线电通信接口和协议；

⑧ 内嵌 Ipv4、UDP、CoAP、LwM2M 等网络协议栈；

⑨ 所有器件符合 EU RoHS 标准。

NB86-G 模块共有 42 个 SMT 焊盘引脚，引脚图如图 2-2-1-8 所示，引脚描述如表 2-2-1-2～表 2-2-1-7 所示。

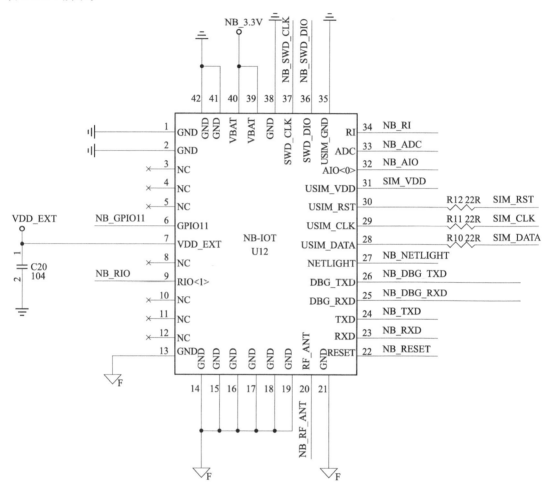

图 2-2-1-8   NB86-G 模块引脚图

表 2-2-1-2   电源与复位引脚

引脚号	引脚名	I/O	描述	DC 特性	备注
39,40	VBAT	PI	模块电源	$V_{max}=4.2V$ $V_{min}=3.1V$ $V_{norm}=3.6V$	电源必须能够提供 0.5A 的电流
7	VDD_EXT	PO	输出范围： 1.7V～VBAT	$V_{norm}=3.0V$ $I_{omax}=20mA$	①不用则悬空 ②用于给外部供电，推荐并联一个 2.2～4.7μF 的旁路电
1,2,13～19, 21,35,38,41,42	GND	地			
22	RESET	DI	复位模块	$R_{pu}≈78kΩ$ $V_{IHmax}=3.3V$ $V_{IHmin}=2.1V$ $V_{IHmax}=0.6V$	内部上拉，低电平有效

表 2-2-1-3 串口（UART）接口引脚

引脚号	引脚名	I/O	描述	DC 特性	备注
23	RXD	DI	主串口:模块接收数据	$V_{ILmax}=0.6V$ $V_{IHmin}=2.1V$ $V_{IHmax}=3.3V$	3.0V 电源域 进入 PSM 下 RXD 不可悬空
24	TXD	DO	主串口:模块发送数据	$V_{OLmax}=0.4V$ $V_{OHmin}=2.4V$	3.0V 电源域 不用则悬空
34	RI*	DO	模块输出振铃提示	$V_{OLmax}=0.4V$ $V_{OHmin}=2.4V$	3.0V 电源域
25	DBG_RXD	DI	调试串口:模块接收数据	$V_{ILmax}=0.6V$ $V_{IHmin}=2.1V$ $V_{IHmax}=3.3V$	3.0V 电源域 不用则悬空
26	DBG_TXD	DO	调试串口:模块发送数据	$V_{OLmax}=0.4V$ $V_{OHmin}=2.4V$	3.0V 电源域 不用则悬空

表 2-2-1-4 外部 USIM 卡接口引脚

引脚号	引脚名	I/O	描述	DC 特性	备注
28	USIM_DATA	IO	SIM 卡数据线	$V_{oLmax}=0.4V$ $V_{oHmin}=2.4V$ $V_{ILmin}=0.3V$ $V_{ILmax}=0.6V$ $V_{IHmin}=2.1V$ $V_{IHmax}=3.3V$	USIM_DATA 外部的 SIM 卡要加上拉电阻到 USIM_VDD,外部 SIM 卡接口建议使用 TVS 管进行 ESD 保护,且 SIM 卡座到模块的布线距离最长不要超过 20cm
29	USIM_CLK	DO	SIM 卡时钟线	$V_{OLmax}=0.4V$ $V_{OHmin}=2.4V$	
30	USIM_RST	DO	SIM 卡复位线	$V_{OLmax}=0.4V$ $V_{OHmin}=2.4V$	
31	USIM_VDD	DO	SIM 卡供电电源	$V_{norm}=3.0V$	

表 2-2-1-5 信号接口引脚

引脚号	引脚名	I/O	描述	DC 特性	备注
33	ADC/DAC	AI	10_bit 通用模数转换	电压范围: 0V～VBAT	不用则悬空

表 2-2-1-6 网络状态指示引脚

引脚号	引脚名	I/O	描述	DC 特性	备注
27	NETLIGHT	DO	网络状态指示	$V_{OLmax}=0.4V$ $V_{OHmin}=2.4V$	正在开发

表 2-2-1-7 RF 接口引脚

引脚号	引脚名	I/O	描述	DC 特性	备注
20	ANT_RFIO	IO	射频天线接口	50Ω 特性阻抗	

2. NB86-G 模块功能电路

（1）供电电路。NB86-G 模块的 VBAT 供电范围为 3.1～4.2V,要确保输入电压不会低于 3.1V（注意电压跌落问题）。VBAT 输入端参考电路如图 2-2-1-9 所示,PCB 设计上 VBAT 走线越长,线宽越宽,为了确保更好的电源供电性能,建议走线宽度不低于 2mm,电源部分的 GND 平面要尽量完整且多打地孔,同时电容尽可能靠近模块的 VBAT 引脚。其

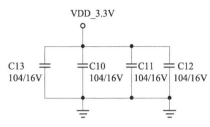

图 2-2-1-9　VBAT 输入参考电路

中，C10-12 均为 0402 封装的 $0.1\mu F$ 滤波电容，去除高频干扰。

（2）复位电路（图 2-2-1-10）。模块可通过硬件和软件方式复位。硬件复位是拉低复位引脚电平一段时间，以便使模块复位。软件复位是发送"AT＋NRB"命令复位。

当给 RESET 引脚保持时间大于 100ms 的低电平，复位有效；NB-IoT 模块设计了硬件复位，把 NB86-G 模块的复位引脚连接到 M3 的 RST 引脚。

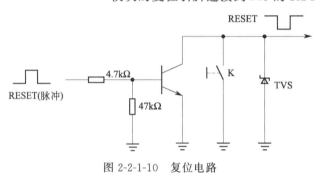

图 2-2-1-10　复位电路

（3）UART 通信。模块提供了两个通用异步收发器：主串口和调试串口。波特率为 9600bps，调试串口仅用于调试和测试用。主串口进入 PSM 下，RXD 不可悬空。

主串口特点：用于 AT 命令通信和数据传输，波特率为 9600bps；用于固件升级，升级波特率为 9600、115200、921600（bps），最大波特率为 921600bps；主串口在 Active 模式、Idle 模式和 PSM 模式下均可工作。

调试串口特点：通过 UE Log Viewer 工具，调试串口可查看日志信息并进行软件调试，波特率为 921600bps。

（4）USIM 卡接口电路。模块包含一个外部 USIM 卡接口，支持模块访问 USIM 卡。该 USIM 卡接口支持 3GPP 规范的功能。外部 USIM 卡通过模块内部的电源供电，如图 2-2-1-11 所示。

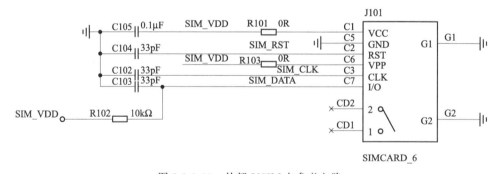

图 2-2-1-11　外部 USIM 卡参考电路

（二）利尔达 NB-IoT 模组常用 AT 指令

1. 利尔达 NB-IoT AT 指令

NB-IoT 模块使用的 NB-IoT 模组是 lierda NB05-01，NB-IoT 电信运营商是中国电信。

目前中国电信的 NB-IoT 云平台只支持 CoAP 协议接入，所以，表 2-2-1-8 列出的相关 AT 指令只与 CoAP 协议相关。

表 2-2-1-8 利尔达 NB-IoT AT 指令

AT 命令	作用	备注
AT+CMEE=1	报错查询	标准 AT 指令
AT+CFUN=0	关机，设置 IMEI 和平台 IP 端口前要先关机	标准 AT 指令
AT+CGSN=1	查询 IMEI，IMEI 为设备标识，应用注册设备时 nodeId/verifyCode 都需要设置成 IMEI	标准 AT 指令
AT+NCDP=180.101.147.115,5683	设置对接的 IoT 平台 IP 端口，5683 为非加密端口，5684 为 DTLS 加密端口	在 flash 中保存 IP 和端口；在向平台进行设备注册时，使用此参数
AT+CFUN=1	开机	标准 AT 指令
AT+NBAND=5	设置频段	在 flash 中保存频段；在设备入网时，使用此参数
AT+CGDCONT=1,"IP","CTNB"	设置核心网 APN，APN 与设备的休眠、保活等模式有关，需要与运营商确认	标准 AT 指令
AT+CSCON=1	基站连接通知	标准 AT 指令
AT+CGATT=1	自动搜网	标准 AT 指令
AT+CEREG=2	核心网连接通知	
AT+CGPADDR	查询终端 IP	标准 AT 指令
AT+NMGS=2,0001	发送上行数据，第 1 个参数为字节数，第 2 个参数为上报的 16 进制码流	初次发送数据时，完成设备注册；后续发送数据时，仅发送数据
AT+NNMI=1	开启下行数据通知	标准 AT 指令
AT+NUESTATS	查询 UE 状态	标准 AT 指令
AT+CCLK?	查询网络时间	标准 AT 指令

2. 中国电信 NB-IoT UE 终端对接流程

终端上电，执行"AT+NRB"复位终端。如果返回正常，则表示终端正常运行。

执行"AT+CFUN=0"开关关闭功能。如果执行成功，则正常返回。

进行"AT+NCDP=180.101.147.115,5683"设置时，需要对接 IoT 平台的地址，端口为 5683。如果执行成功，则正常返回。

执行"AT+CFUN=1"开关开启功能。如果执行成功，则返回正常。

执行"AT+NBAND=5"设置频段。如果执行成功，则返回正常。

执行"AT+CGDCONT=1，IP，APN"设置核心网 APN。如果执行成功，则正常返回。核心网 APN 可联系运营商（与运营商网络对接）或者 OpenLab 负责人（与 OpenLab 网络对接）进行获取。

执行"AT+CGATT=1"进行入网。如果执行成功，则返回正常。

执行"AT+CSCON=1"设置基站连接通知。如果执行成功，则返回正常。

执行"AT+CEREG=2"设置核心网连接通知。如果执行成功，则返回正常。

执行"AT+NNMI=1"开启下行数据通知。如果执行成功，则返回正常。

执行"AT+CGPADDR"查询终端是否获取到核心网分配的地址，如果获取了地址，则表示终端入网成功。

执行"AT+NMGS=数据长度，数据"发送上行数据，如果上行数据发送成功，则返回正常。

图 2-2-1-12　温湿度传感器实物图

（三）传感器及执行机构

1. 温湿度传感器 KSW-A1-60

温湿度传感器是一种装有湿敏和热敏元件，能够用来测量温度和湿度的传感器装置，如图 2-2-1-12 所示。温湿度传感器由于体积小、性能稳定等特点，被广泛应用在生产、生活的各个领域。

温湿度传感器的引出线有 4 根，分别是红线、黑线、绿线、蓝线。其中，红线接电源适配器，黑线为接地线，绿线是湿度信号线，蓝线是温度信号线。

2. 继电器 LY2N-J

继电器（图 2-2-1-13）是一种电控制器件，是当输入量的变化达到规定要求时，在电气输出电路中使被控量发生预定的阶跃变化的一种电器。继电器通常应用于自动化的控制电路中，它实际上是用小电流去控制大电流运作的一种"自动开关"，故在电路中起着自动调节、安全保护、转换电路等作用。

3. 报警灯 csps103

报警灯（图 2-2-1-14）采用（丙烯腈-丁二烯-苯乙烯）材料，工艺性好，抗冲击力强。表面经镀膜强化处理，透明度大于 9 级，有 24 只 LED 高亮型灯管。频闪灯采用优质 LED 灯管和特质驱动电路，能耗小，光效强，使用寿命在 5 万小时以上。

图 2-2-1-13　继电器实物图

图 2-2-1-14　报警灯实物图

4. RFID 读卡器的安装与配置

（1）将读卡器（也称为读写器）连接上网络，插上电源。

（2）打开读卡器工具 UHFReaderSRR103demomain.exe ，选择"TCPIP 配置"选项卡，点击"操作"→"搜索"，搜索当前读卡器 IP 地址，如图 2-2-1-15 所示。

（3）将 PC 机 IP 地址更改为与读卡器同一网段，将 PC 机通过网线与读卡器直连，如图 2-2-1-16 所示，在浏览器中输入当前读卡器 IP 地址并进行访问。

（4）登录如图 2-2-1-17 所示的读卡器网络配置界面，输入用户名：admin，密码：

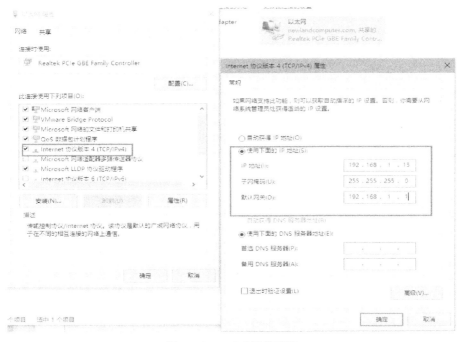

图 2-2-1-15　TCPIP 搜索

图 2-2-1-16　PC 网络配置

admin，选择"Network Ethernet"选项卡，配置"Use the following IP configuration"选项下的 IP 地址、网关等，点击"Submit"提交修改。

　　（5）进入"Power manage"选项卡，勾选"Save and reboot"选项，点击"Submit"保存并重启，如图 2-2-1-18 所示。

图 2-2-1-17　读卡器网络配置界面

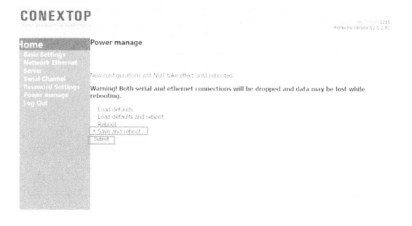

图 2-2-1-18　读卡器保存重启界面

（6）将 PC 和读卡器重新连接路由器，PC 的 IP 地址改为自动获取，打开工具 UHFReaderSRR103demomain.exe，选择"TCPIP 配置"选项卡，点击"操作"→"搜索"，搜索当前读卡器 IP 地址，查看 IP 地址是否已修改成功。

（7）如图 2-2-1-19 所示，选择"读写器参数设置"选项卡，"通讯"选择"网口"，在网口配置当前读卡器 IP 地址及端口号，点击"打开网口"，天线配置勾选"天线 1"～"天线 4"，点击"设置"，左下角会有"天线设置执行成功"提示，即读卡器配置完成。

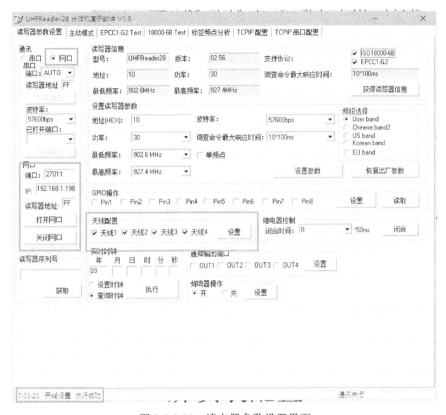

图 2-2-1-19　读卡器参数设置界面

二、系统感知层软件设计

1. NB-IoT 配置代码

为简化交互控制机制，NB-IoT 系统不同于常规 LTE 系统，没有设计动态链路自适应机制，同时相对 LTE 系统，NB-IoT 系统覆盖范围要大很多，在整个覆盖范围内，信号强度及信号质量会有很大的差异。NB-IoT 配置代码的主要作用就是开启 NB-IoT 芯片的所有功能，打开网络注册和位置信息并上报。

图 2-2-1-20 所示为 NB-IoT 配置功能流程图。

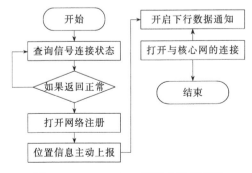

图 2-2-1-20　NB-IoT 配置功能流程图

在 Application/User user_cloud. c 文件中，找到 void nbiot_config（void）函数，然后

填写 NB-IoT 配置代码，代码如下：

```
1.   void nbiot_config(void)
2.   {  //开启 NB-IoT 芯片所有功能
3.     send_AT_command("AT + CFUN = % d\r\n",1);
4.     wait_answer("OK");
5.     //查询信号连接状态
6.     send_AT_command("AT + CSCON = % d\r\n", 0);
7.     wait_answer("OK");
8.     //打开网络注册和位置信息的主动上报结果码,0 为关闭;1 为注册并上报;2 为注册并上报位置信息
9.     send_AT_command("AT + CEREG = % d\r\n", 2);
10.    wait_answer("OK");
11.    //开启下行数据通知
12.    send_AT_command("AT + NNMI = % d\r\n", 1);
13.    wait_answer("OK");
14.    //打开与核心网的连接,1 是打开,0 是关闭
15.    send_AT_command("AT + CGATT = % d\r\n", 1);
16.    wait_answer("OK");
17.  }
```

在 Application/User user_cloud. c 文件中，找到 void link_server（void）函数，然后填写 NB-IoT 配置代码，代码如下：

```
1.   void link_server(void)
2.   {  //设置需要对接 IoT 平台的地址 IP,5683 为 CoAP 协议端口
3.     send_AT_command("AT + NCDP = % s, % d\r\n", "117. 60. 157. 137", 5683);
4.     wait_answer("OK");
5.   }
```

在 Application/User user_cloud. c 文件中，找到 void get_time_from_server（void）函数，然后填写 NB-IoT 配置代码，代码如下：

```
1.   void get_time_from_server(void)
2.   {  //获取网络时间
3.     send_AT_command("AT + CCLK? \r\n");
4.   }
```

2. 初始化程序

初始化函数的主要作用是初始化开发板数据和函数，重启时都会重新编译执行，从而采用重启的方式解决一些故障和问题。图 2-2-1-21 所示为初始化流程图。

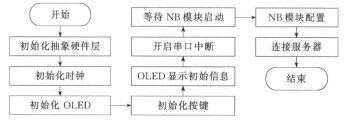

图 2-2-1-21　初始化流程图

初始化代码如下：

```
1.   int main(void)
2.   {
3.   HAL_Init();
4.   SystemClock_Config();
5.   MX_GPIO_Init();
6.   MX_ADC_Init();
7.   MX_USART1_UART_Init();
8.   MX_USART2_UART_Init();
9.   MX_RTC_Init();
10.  OLED_Init();
11.  keys_init();
12.  oled_display_information();
13.  oled_display_connection_status(LINKING);
14.  oled_display_light_status(LIGHT_CLOSE);
15.  oled_show_mode(MANUAL);
16.  HAL_UART_Receive_IT(&huart1, &usart1RxBuf, 1);
17.  HAL_UART_Receive_IT(&huart2, &usart2RxBuf, 1);
18.  wait_nbiot_start();
19.  nbiot_config();
20.  link_server();
```

任务二　配置系统传输层

【任务分析】

智慧物流系统主要通过无线路由、串口服务器等设备采集底层数据，并且连接上位机，实现传感节点信息获取和设备控制功能，实现与上位机的通信（数据上传、主机响应等）功能。

在本任务中，将依照系统的拓扑图，对智慧物流系统的传输层各个设备进行安装、连接、配置、调试，完成系统传输层的部署，使系统传输层连接通畅，并保证各个设备能正常工作。智慧物流系统传输层的结构图如图 2-2-2-1 所示。

【相关知识】

一、串口服务器

串口联网服务器可以让传统的 RS-232/422/485 设备立即联网，它利用基于 TCP/IP 串口数据流的传输，控制管理设备硬件，并且作为串口转以太网连接的桥梁。串口设备联网服务器就像一台带 CPU、实时操作系统和 TCP/IP 协议的微型电脑，便于在串口和网络设备中传输数据，这样就可以在世界上的任何位置通过网络，用计算机来存取、管理和配置远程的设备。

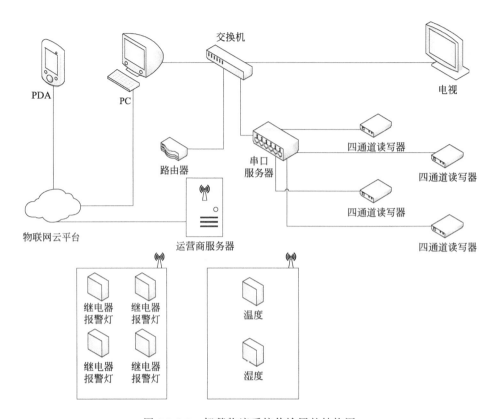

图 2-2-2-1　智慧物流系统传输层的结构图

二、局域网

局域网就是局部地区形成的一个区域网络，其特点是分布地区范围有限，可以是一栋建筑楼与相邻建筑之间的连接，也可以是办公室之间的联系。局域网相对于其他广域网来说，其传输速度更快、性能更稳定、框架简易，并且是封闭性，这也是很多机构选择局域网的原因所在。局域网由计算机设备、网络连接设备、网络传输介质 3 大部分构成，其中，计算机设备又包括服务器与工作站；网络连接设备则包含了网卡、集线器、交换机；网络传输介质简单地说就是网线，由同轴电缆、双绞线及光缆 3 大原件构成。

【任务实施】

一、无线路由器配置

完成无线路由器配置，并完成无线局域网络的搭建。无线路由器的默认地址为"192.168.1.1"，默认用户名为"admin"，密码为空具体操作步骤如下。

（1）进入路由器登录界面（图 2-2-2-2），点击"登录"就会进入路由器的配置界面。

（2）登录成功后点击"设置"选项，然后选择"局域网设置"选项，进入 DHCP 服务设置。注意：IP 地址池的区域是否属于局域网的 IP 网段。开启 DHCP 选项，点击"应用"按钮，如图 2-2-2-3 所示。

（3）按照无线网络配置参考表（表 2-2-2-1）配置无线网络。点击路由器的"无线设置"

图 2-2-2-2 路由器登录界面

图 2-2-2-3 DHCP 设置界面

界面，选择"无线网络名 SSID 设置"，将名字按照表 2-2-2-1 设置。应注意无线网络的加密模式，选择加密参数值，并进行合理改动。

表 2-2-2-1　无线网络配置参考表

序号	设备	参数值
1	无线网络名 SSID	newland【工位号】
2	无线网络密钥	学生任意设定
3	无线加密模式	WEP 加密模式（128Bit）
4	路由器 IP 地址	192.168.【工位号】.1

二、局域网各设备 IP 配置

（1）请参考表 2-2-2-2 对局域网中各设备的 IP 地址进行配置。这里的【工位号】指的是学生所在的工位号，如工位号是 1，则无线路由器的 IP 地址是 192.168.1.1，然后根据表格要求对其他 IP 地址进行设置。

表 2-2-2-2　局域网各设备 IP 配置表

设备	IP 地址
智慧物流显示电脑	192.168.【工位号】.13
智慧物流电视	192.168.【工位号】.14
智慧物流后台电脑	192.168.【工位号】.15
四通道设备	192.168.【工位号】.16
路由器	192.168.【工位号】.17
串口服务器	192.168.【工位号】.18

图 2-2-2-4　选择以太网属性

（2）配置主机静态 IP。右击电脑桌面底部的网络配置，打开 Internet 设置，点击"网络适配器"，选择"以太网"，右击"属性"选项，选择以太网属性（图 2-2-2-4）。

（3）选择并双击"Internet 协议版本 4（TCP/IPv4）"，可以进入 Internet 协议版本 4（TCP/IPv4）的属性设置界面，选择并设置 Internet 协议版本 4（TCP/IPv4），如图 2-2-2-5 所示。

（4）双击"Internet 协议版本 4（TCP/IPv4）"进入"属性"界面，可以根据局域网的网段配置 IP 地址、子网掩码、网关、DNS 服务器地址，也可以点击选择"自动获取 IP 地址"，如图 2-2-2-6 所示。

（5）配置完成后选择并打开"电脑和 Internet 设置"，点击"网络适配器"，选择"以太网"，通过点击"以太网 - 详情选项"，可以查看配置后的详细情况。

三、各终端 IP 地址检查

如图 2-2-2-7 所示，可以利用 IP 扫描工具，扫描检查局域网中的各终端 IP 地址是否正确，检测 IP 地址 192.168.【工位号】.1～192.168.【工位号】.6 是否能连通。

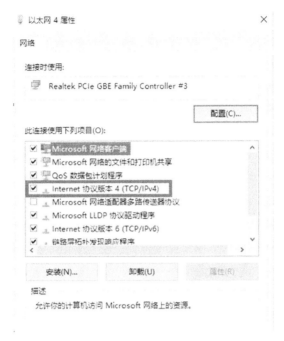

图 2-2-2-5 选择并设置 IPv4 协议

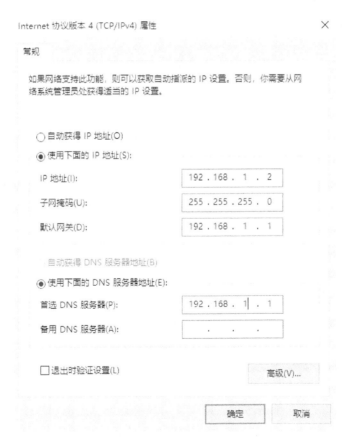

图 2-2-2-6 IPv4 属性界面

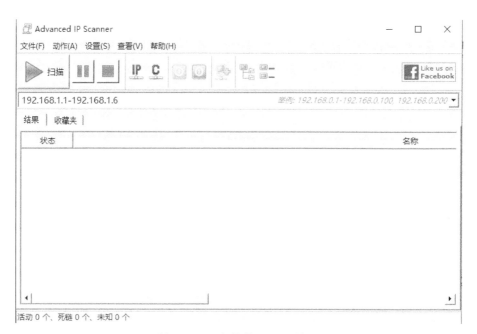

图 2-2-2-7　各终端 IP 地址检查

四、串口服务器配置

串口服务器提供串口转网络的功能，能够将 RS-232/485/422 串口转换成 TCP/IP 网络接口，实现 RS-232/485/422 串口与 TCP/IP 网络接口的数据双向透明传输，使得串口设备能够立即具备 TCP/IP 网络接口功能，可以连接网络进行数据通信，极大地扩展了串口设备的通信距离。

PC 机因为只有一个串口，不能满足多个串口通信设备同时采集，所以需要引入串口服务器，类似于将串口进行扩充。

通用的串口服务器设备其配置主要分为四步：第一步，串口服务器驱动程序安装；第二步，串口服务器的 IP 地址设置；第三步，串口服务器的端口 IP 地址设置；第四步，串口服务器端口类型和波特率设定。

串口服务器在使用前需要进行配置，主要是分配串口号，它的配置软件有两种，可以根据自己电脑选择适合的配置软件。

1. 中金 TS 软件的串口服务器配置

如果电脑系统是 32 位操作系统，首先需要安装中金 TS 驱动软件，然后需要搜索串口服务器的 IP 地址，最后再在 Web 端对串口服务器的串口进行指定。

（1）确保串口服务器与路由器直接相连，才能安装串口服务器驱动软件。双击打开串口服务器驱动软件"vser"，如图 2-2-2-8 所示，然后安装该软件。

（2）软件安装完成后，单击右键，以管理员身份运行，点击"扫描"，扫描串口服务器 IP，显示 IP 地址为 192.168.1.18，选择驱动软件下方的"配置临时 IP"，然后正确地修改 IP，使其可以顺利地进入 Web 串口服务器。如图 2-2-2-9 所示。

（3）配置临时 IP（配置成与主机 IP 同一个网段），例如，同网段如果是 1，则设置临时

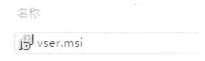

图 2-2-2-8 打开串口服务器驱动软件

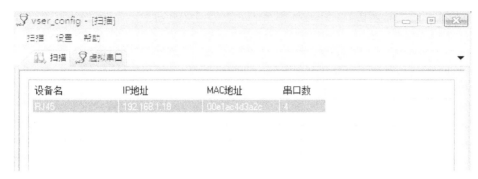

图 2-2-2-9 扫描串口服务器 IP

IP 为 192.168.1.3，打开浏览器，访问 Web 配置界面，然后根据要求配置串口服务器 IP 的信息，如图 2-2-2-10 所示。

图 2-2-2-10 配置串口服务器 IP

（4）在 IE 浏览器中输入串口服务器的 IP，打开串口服务器的设置界面，可以根据要求进行选择配置。例如，可以设置串口服务器的设备名称、串口服务器的 IP 地址、子网掩码等网络参数，如图 2-2-2-11 所示。

（5）如图 2-2-2-12 所示，点击"串口设置"。在"串口选择"选项中的"1"设置波特率

图 2-2-2-11　设置串口服务器网络参数

为 9600，连接 STM32 串口（连接 485 转 232 的设备），点击"确定"按钮；在"串口选择"选项中的"2"设置波特率为 115200，接 LED 屏幕，点击"确定"按钮。

图 2-2-2-12　修改串口服务器的串口波特率

（6）如图 2-2-2-13 所示，在"应用模式"中需要进行以下设置：

① 应用模式参数的连接模式设为"Real COM"；

② 应用模式参数的连接数设为最大"8";

③ 串口选择中勾选"All"。

图 2-2-2-13　设置应用模式

（7）设置完成后，点击"保存/重启"，再点击"确定"，当看到"提示：配置参数已保存，并且设备正在重新启动!"后，可关闭页面。设置完毕后，查看串口服务器的 COM 端口分配情况，如图 2-2-2-14 所示。

图 2-2-2-14　端口分配情况

（8）配置完毕后，就可以使用网线连接串口服务器与路由器，网线一端接串口服务器的 Ethernet 端口，另一端接路由器的 LAN 端口。

2. NPort Windows Driver Manager 工具

如果电脑系统是 64 位操作系统，请使用 NPort Windows Driver Manager 工具包进行串口服务器的配置。

（1）工具包的安装。

① 双击打开安装包 drvmgr_setup_Ver1.19_Build_16072517_whql.exe；

② 按照提示点击"下一步"，直到安装完成，完成后点击"Finish"；

③ 工具包安装后，在"开始"程序中可以找到名称为 NPort Windows Driver Manager 的软件。

（2）IP 地址搜索与配置。驱动软件安装完成后，打开该软件对串口服务器的 IP 进行搜索与配置。

① 双击打开已安装的软件，如图 2-2-2-15 所示。

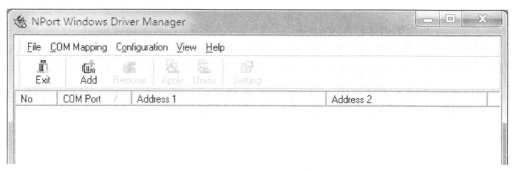

图 2-2-2-15　打开软件

② 点击上方菜单栏"Add"。

③ 点击"Search"搜索串口服务器（前提是都要在同一个局域网中），自动搜索串口服务器的时间为 5 秒，如图 2-2-2-16 所示。

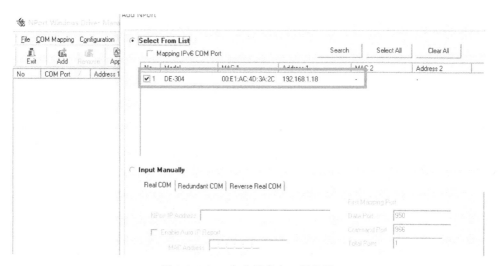

图 2-2-2-16　自动搜索串口服务器

（3）Web 端配置。

① 打开浏览器，在地址栏输入串口服务器的 IP 地址，然后进入串口服务器的设置界面，可以根据要求进行串口服务器的设置。例如：输入 IP 为 192.168.2.200，如图 2-2-2-17 所示。

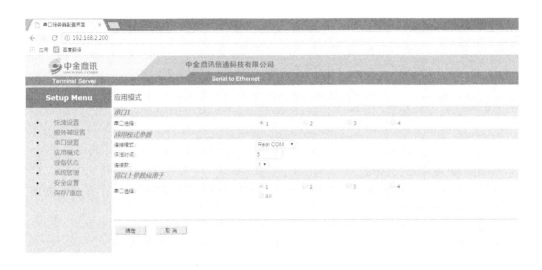

图 2-2-2-17 输入 IP 地址

② 在左侧菜单栏选择"应用模式→应用模式参数"，在"连接模式"中选择"MCP Mode"（1、2、3、4），然后点击"确定"。连接模式确定完成后，点击"保存/重启"配置完成，如图 2-2-2-18 所示。

注意：如果未进行串口服务器 Web 端连接模式的配置则无法通信。

图 2-2-2-18 设置应用模式参数

（4）添加虚拟串口。

① 双击打开 NPort Windows Driver Manager 的安装软件，可以发现串口驱动软件的界面如图 2-2-2-19 所示。

图 2-2-2-19　打开串口驱动软件

② 点击上方菜单栏"Add"。

③ 点击"Search"搜索串口服务器（前提是都要在同一个局域网中），自动搜索串口服务器时间为 5 秒，如图 2-2-2-20 所示。

图 2-2-2-20　自动搜索串口服务器

（5）串口服务器端口类型和波特率设定。

① 搜索到串口服务器后，选中该串口服务器 IP 地址，然后点击"OK"按钮，该工具会自动将 PC 没有在用的或者是空闲的串口映射到串口服务器中，不需要手动去设置串口，如图 2-2-2-21 所示。

② 在图 2-2-2-21 所示做的界面中点击"Yes"按钮，串口服务器驱动软件开始自动分配串口号，如图 2-2-2-22 所示。

③ 进度完成 100％后，串口号的分配成功。如图 2-2-2-23 所示为串口号分配进行中。

④ 点击"OK"按钮，如图 2-2-2-24 所示，添加虚拟串口成功，如图 2-2-2-25 所示。

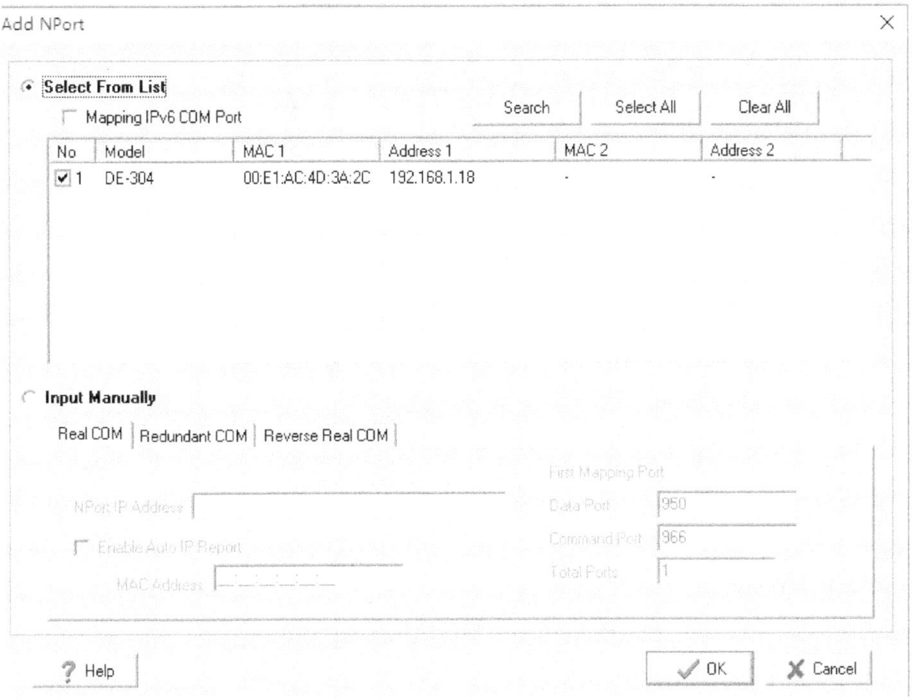

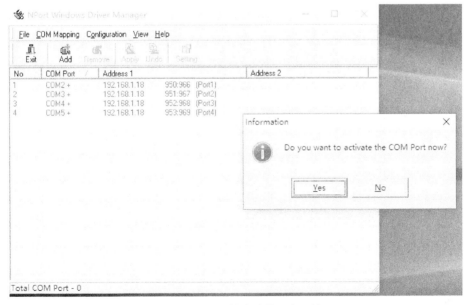

图 2-2-2-21 串口服务器搜索完成

图 2-2-2-22 开始自动分配串口号

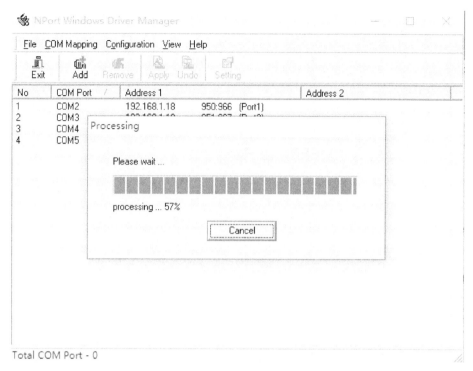

图 2-2-2-23　串口号分配进行中

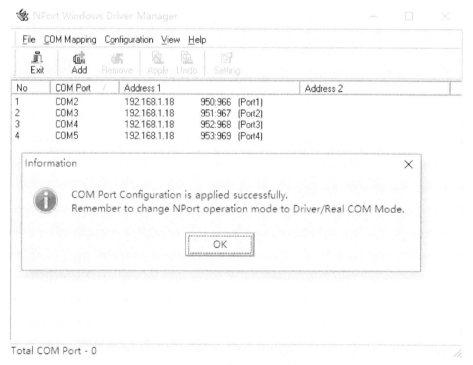

图 2-2-2-24　点击 "OK" 按钮

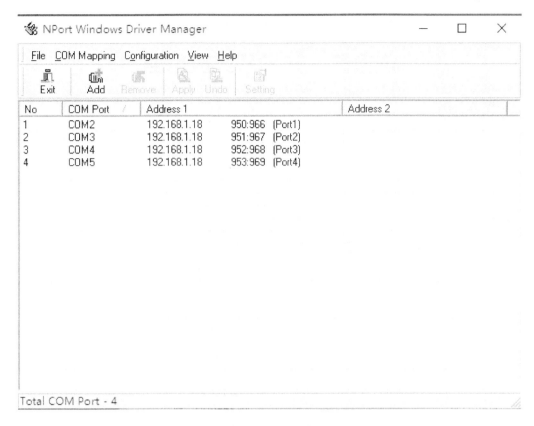

图 2-2-2-25　添加虚拟串口成功

⑤ 打开"计算机管理→设备管理器"，可以查看串口驱动软件添加串口是否成功，还可以查看已经添加的虚拟串口号，如图 2-2-2-26 所示。

图 2-2-2-26　查看已添加的虚拟串口号

⑥ 如果添加完成虚拟串口后仍不能正常使用，这也是一种正常的现象，这时可以选择重启驱动程序，或者请在添加完虚拟串口后重新启动电脑即可。

任务三 开发系统应用层

【任务分析】

根据智慧物流的设计需求，完成智慧物流演示系统的需求分析、概要设计及详细设计，使用面向对象的可视化编程语言和移动端完成各个功能模块的编码，并完成演示系统测试及发布。

智慧物流演示系统如图 2-3-3-1 所示，由 PC 客户端、安卓管理员端（PDA）2 个部分组成，整个物流流程包括下单、收件、入库、上架、下架、出库、派送、签收等 8 个环节组成，通过流程的演示，能够直观地展示物流的整个过程。

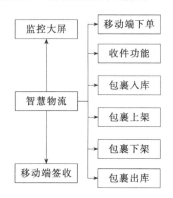

图 2-2-3-1　智慧物流演示系统框图

【相关知识】

一、 PDA 简介

PDA（Personal Digital Assistant，个人数字助理）手持设备集中了计算、电话、传真、网络等多种功能。它不仅可用来管理个人信息（如通讯录、计划等），还可以上网浏览、收发 Email、发传真，甚至还可以当作手机来用。尤为重要的是，这些功能都可以通过无线方式实现。当然，并不是任何 PDA 都具备以上所有功能；即使具备，也可能由于缺乏相应的服务项目而不能实现。但可以预见，PDA 发展的趋势和潮流就是计算、通信、网络、存储、娱乐、电子商务等多功能的融合。

PDA 一般都不配备键盘，而用手写输入或语音输入。PDA 使用的操作系统主要有 Palm OS、Windows CE 和 EPOC。目前，PDA 的价格还偏高，但它将最终走进"寻常百姓家"，成为真正的"个人数字助理"。

目前，对于 PDA 还有狭义与广义的理解。狭义的 PDA 相当于电子记事本，其功能较为单一，主要是管理个人信息，如通讯录、记事和备忘录、日程安排、便笺、计算器、录音和辞典等功能，而且这些功能都是固化的，不能根据用户的要求增加新的功能。广义的 PDA 主要指掌上电脑，当然也包括其他具有类似功能的小型数字化设备。对于掌上电脑一词也有不同解释。狭义的掌上电脑不带键盘，采用手写输入、语音输入或软键盘输入；而广义的掌上电脑则既包括无键盘的，也包括有键盘的。不过，在中国市场，几乎所有的掌上电脑都不带键盘。隐藏在每个应用后面的是一系列的增值服务和系统设计，其中包括以下几方面。

（1）丰富而又可扩展的视图（Views），可以用来构建应用程序，它包括列表（Lists）、网格（Grids）、文本框（Text boxes）、按钮（Buttons）、甚至还有可嵌入的Web浏览器。

（2）内容提供器（Content Providers）的应用程序可以访问另一个应用程序的数据（如联系人数据库），或者共享它们自己的数据。

（3）资源管理器（Resource Manager）提供非代码资源的访问，如本地字符串、图形和布局文件（Layout files）。

（4）通知管理器（Notification Manager）的应用程序可以在状态栏中显示自定义的提示信息。

（5）活动管理器（Activity Manager）用来管理应用程序生命周期，并提供常用的导航回退功能。

二、 PDA 的常用功能

1. 条码扫描

条码扫描是手持终端设备最重要的功能之一，它是将已编码的条形码附着于目标物，使用专用的扫描读写器并利用光信号，将信息由条形磁条传送到扫描读写器。

2. RFID 识别

RFID 识别类似于条码扫描，但 RFID 使用专用的 RFID 读写器及专门的可附着于目标物的 RFID 标签，利用频率信号将信息由 RFID 标签传送至 RFID 读写器。

3. 指纹采集、比对

配备指纹采集模块，可采集生物指纹信息并进行比对，主要用于公安、银行、社会保险等对安全要求较高的领域。

4. GPS 定位

利用 GPS 定位卫星，在全球范围内实时进行定位、导航的系统，称为全球卫星定位系统，简称 GPS，主要应用于公安等专业领域，也大量应用于民用市场，为驾车人提供电子地图及定等服务。

【任务实施】

一、系统应用层的结构

用户打开智慧物流的工程文件，启动工程后会显示登录界面，输入注册的账号密码，点击下方的"登录"按钮，即可进入到系统主界面。智慧物流系统应用层的结构分别包裹上架、包裹下架、包裹出库以及监控大屏等，如图 2-2-3-2 所示。

在系统主界面点击"上架"按钮，可将包裹放置到货架。打开"包裹上架"界面，可判定货架上的包裹是否已经入库，若已入库则可通过该系统进行操作上架，然后同步更新大屏监控信息，提示该包裹已经上架过。

　　点击"下架"按钮，进入"下架"界面，系统会自动查询关于下架包裹的数据表，并且显示在弹出的窗口中，然后同步更新大屏监控信息。

　　点击"出库"按钮，系统会自动查询数据库中关于已经出库的包裹的信息数据，然后弹出显示出库信息的查询界面，也可以点击"查询出库信息"，查询详细的包裹出库信息。

　　每当小车带着包裹经过一个站点，或者每执行一个操作，大屏监控系统便会同步更新数据。比如包裹入库时，如果小车运送的包裹已经在数据库中存在过，证明包裹是已经上架过的包裹，那么上架报警灯就会亮起。此时将会同步更新大屏监控信息，提示该包裹已经上架过。小车在经过中转站时报警灯便会亮起。入库、下架等也都是同样的过程。

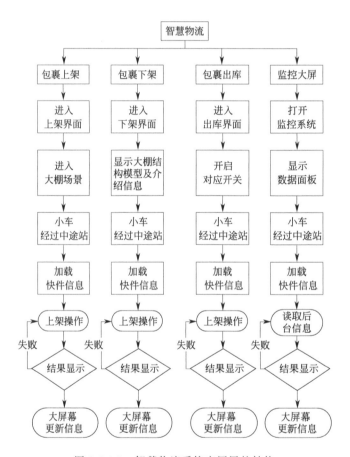

图 2-2-3-2　智慧物流系统应用层的结构

二、系统功能模块

（一）移动端下单

　　通过手机安装的软件，新增要收件的数据后，PDA 端会提示有新的快件需要收件，快递员在移动端点击"收件"完成收件操作，移动端下单流程如图 2-2-3-3 所示。

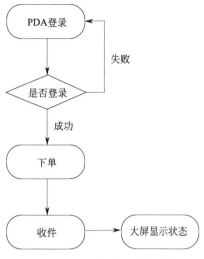

图 2-2-3-3　移动端下单流程

移动端下单应用举例如图 2-2-3-4 所示。

(a)

图 2-2-3-4

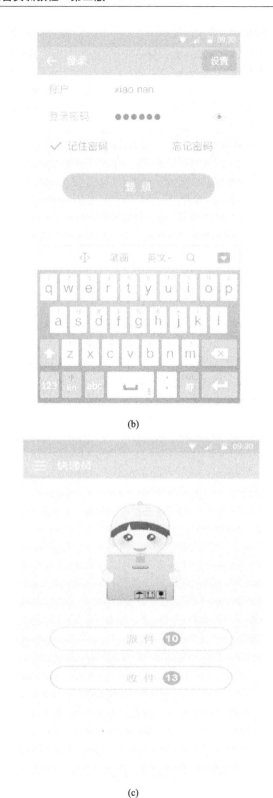

(b)

(c)

图 2-2-3-4　移动端下单应用举例

　　移动端在登录账号之前，需要点击界面的"设置"按钮，进入如图 2-2-3-5 所示的设置页面，然后选择 PC 端的 IP 与端口，再对 IP 与端口进行设置。

填好基本的用户信息之后，点击界面上的"登录"按钮进行登录（图 2-2-3-6），系统会自动对输入的账号密码进行验证，如果验证成功，则会登录成功；验证失败则会弹出"用户信息验证失败"的提示。

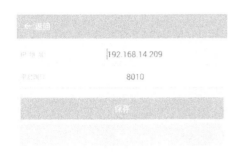

图 2-2-3-5　IP 与端口的设置　　　　图 2-2-3-6　"登录"界面

"移动端下单"主要程序源代码如下：

```
1.    //登录 private void signin() {
2.    final String userName = etUserName.getText().toString();
3.    final String pwd = etPwd.getText().toString();
4.    if (TextUtils.isEmpty(userName) || TextUtils.isEmpty(pwd)) {
5.        Toast.makeText(getApplicationContext(),"用户名或密码不能为空",Toast.LENGTH_
      SHORT).show();
6.        return;
7.    }
8.    showLoadingDialog();//progrorm
9.    loadingDialog.setContentText("正在登录中...");
10.    OkHttpUtils.post().url("http://api.nlecloud.com/users/login").addParams("Account",
      userName)
11.            .addParams("Password",pwd).build().execute(new StringCallback() {
12.    @Override
13.    public void onError(Call call, Exception e, int i) {
14.        //请求错误
15.        loadingDialog.setContentText("请求错误");
16.        dismissLoadingDialog();
17.        CustomToast.showToast(LoginActivity.this,"请检查网络和 IP");
18.    }
19.    @Override
20.    public void onResponse(String s, int i) {
21.        //请求成功
22.        //将字符转为 json,套进模型
23.        Log.d("test"," = = = = = = = = = =  " + s);
24.        try{
25.            User user = new Gson().fromJson(s, User.class);
26.            if (user.getStatus() = = 0){
```

```
27.                    loadingDialog.setContentText("登录成功");
28.                    Log.d("test",user.getStatus() + " = = = = = " + user.getResultObj().
        getAccessToken());
29.                    IntentUtils.getInstence().intent(LoginActivity.this,MainActivity.
    class);
30.                }else{
31.                    loadingDialog.setContentText("登录失败");
32.                    CustomToast.showToast(LoginActivity.this,"失败原因:" + user.getMsg
    ());
33.                }
34.            }catch (Exception e){
35.                loadingDialog.setContentText("登录失败");
36.                CustomToast.showToast(LoginActivity.this,"网络异常");
37.                dismissLoadingDialog();
38.            }
39.            dismissLoadingDialog();
40.        }
41.    });
42.  }
```

(二) 移动端收件

在移动端的收件功能中，收件列表内包含订单编号、订货地址、收货地址、状态等信息，还可以进行新增收件单，如图 2-2-3-7 所示。

图 2-2-3-7　移动端收件界面

"移动端收件"主要程序源代码如下：

```
1.    //订单收件
2.    private void sendData () {
3.    // dataModle 此 body 为订单收件接口的请求体
4.      OkHttpUtils. postString () . url (Common. URL + " UpdateReceiveState" ) . content (new Gson
      () . toJson (dataModle) )
5.            . mediaType (MediaType. parse (" application/json; charset = utf-8" ) ) . build () .
      execute (new StringCallback () {
6.          @Override
7.          public void onError (Call call, Exception e, int i) {
8.              CustomToast. showToast (RecDetailActivity. this," 请求错误" );
9.              dismissLoadingDialog ();
10.         }
11.
12.         @Override
13.         public void onResponse (String s, int i) {
14.             AllRec allRec = new Gson () . fromJson (s, AllRec. class);
15.             if (allRec. getCode () = = 0) {
16.                 CustomToast. showToast (RecDetailActivity. this, allRec. getMsg () );
17.                 finish ();
18.             } else {
19.                 CustomToast. showToast (RecDetailActivity. this, allRec. getMsg () );
20.             }
21.             dismissLoadingDialog ();
22.         }
23.     } );
24.  }
25.  // dataModle 数据模型
26.  private String Rfid;
27.  private String SenderAddress;
28.  private String Sender;
29.  private String SenderPhone;
30.  private String ReceiverAddress;
31.  private String Receiver;
32.  private String ReceiverPhone;
33.  private String Courier;
34.  private String CourierPhone;
35.  private String DateTime;
36.  private int CategoryId;
37.  private String State;
38.  private int id;
```

（三）PC 端收件

打开智慧物流的软件，点击"登录"按钮然后触发事件，进入"收件"功能界面。发现运送快件的小车途径中转站，然后小车停在了中转站，系统加载快件信息时，由 RFID 读卡器读取数据并显示"收件"页面，点击"收件"按钮，监控大屏会同步更新快件信息。小车经过中转站时报警灯会亮起。PC 端收件流程如图 2-2-3-8 所示。

图 2-2-3-8　PC 端收件流程

如图 2-2-3-9 所示，为物流分拣监控台的"登录"界面，根据注册的账号密码，在相应的 textbox 的控件中输入对应信息，点击下方的"登录"按钮，系统会检验账号密码。如果无误，就会进入系统总界面；反之，则会提示账号信息有误。

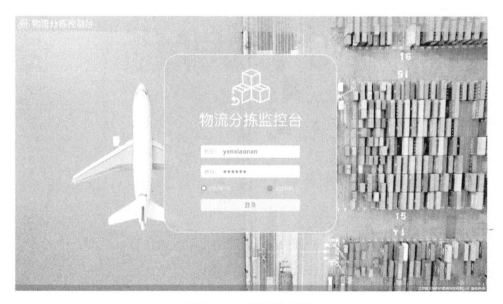

图 2-2-3-9　"登录"界面

"登录验证"的主要程序源代码如下：

```
1.   /// <summary>
2.   /// 登录验证 过滤
3.   /// </summary>
4.   /// <param name = "filterContext"></param>
5.   public ActionResult LoginAct(string user, string pwd, bool remUser = false, bool remPwd = false) {
6.       BackInfo back = new BackInfo();
7.       try {
8.           if (remUser) {
9.               Session["remUser"] = user;
10.          } else {
11.              Session["remUser"] = string.Empty;
12.          }
13.
14.          if (remPwd) {
15.              Session["remPwd"] = pwd;
16.          } else {
17.              Session["remPwd"] = string.Empty;
18.          }
19.
20.          loginBLL.Login(user, pwd);
21.          back.State = true;
22.          back.Msg = "登录成功!";
23.
24.          Session["user"] = user;
25.
26.      } catch (Exception ex) {
27.          back.State = false;
28.          back.ErrorInfo = ex.Message;
29.      }
30.
31.      return Json(back);
32.  }
```

图 2-2-3-10 是物流分拣控制台登录成功后的控制台操作界面，主要分为入库、上架、出库、下架四个功能按钮。分别点击这四个按钮，均会弹出对应的详细信息界面。用户可以根据想要查询的信息选择点击控件。

点击"入库"按钮后，系统会自动查询数据库关于入库信息的数据，然后显示入库信息的查询界面，如图 2-2-3-11 所示，可以看到关于上海仓库三个订单的详细信息。可以点击"录入入库信息"按钮，手动录入入库包裹信息，并保存至相应的数据库中，也可以取消刚才的入库操作，并且可以点击下面的"查询入库信息"按钮，查询详细的入库包裹信息。

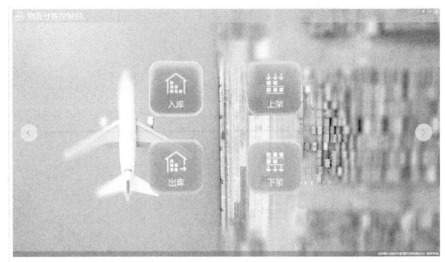

图 2-2-3-10   控制台操作界面

图 2-2-3-11   "入库信息"查询界面

关于入库信息的主要程序源代码如下：

```
1.      /// ⟨summary⟩
2.      /// 获取入库信息(编号)
3.      /// ⟨/summary⟩
4.      /// ⟨param name = "id"⟩⟨/param⟩
5.      /// ⟨returns⟩⟨/returns⟩
6.      [HttpPost]
7.      public ActionResult GetPackage(string id) {
8.
9.          ExpressPackageEx model = stockInBLL.GetPackage(id);
10.
11.         List⟨Station⟩ list = new PCMonitorBLL().GetPCStationData();
12.
```

```
13.          if (list.Count = = 5)
14.          {
15.              var station = list.Find(x = > x.站点编号 = = 2);
16.
17.              model.StoreName = station = = null ? "未知" : station.站点名称;
18.          }
19.          else {
20.              model.StoreName = "未知";
21.          }
22.
23.          return Json(model);
24.      }
25.  /// <summary>
26.  /// 入库操作
27.  /// </summary>
28.  [HttpPost]
29.  public ActionResult DoStockIn(List<ExpressPackageEx> list) {
30.
31.  List<string> result = stockInBLL.DoStockIn(list);
32.
33.  if (result ! = null && result.Count > 0) {
34.  Common.PCState = 2;
35.  }
36.
37.  return Json(result);
38.  }
39.  /// <summary>
40.  /// 取消入库操作
41.  /// </summary>
42.
43.  [HttpPost]
44.  public ActionResult CancelStockIn(List<ExpressPackageEx> list) {
45.
46.  List<string> result = stockInBLL.CancelStockIn(list);
47.
48.  if (result ! = null && result.Count > 0) {
49.  Common.PCState = 1;
50.  }
51.
52.  return Json(result);
53.  }
```

（四）包裹上架

将包裹放置到货架，打开"包裹上架"界面，通过 RFID 读取数据，判定货架上的包裹是否已经入库。若已入库，则可通过该系统进行操作上架；如果是已经上架过的包裹，那么上架报警灯就会亮起，并同步更新大屏监控信息，提示该包裹已经上架过，小车经过中转站时报警灯便会亮起。包裹上架流程如图 2-2-3-12 所示。

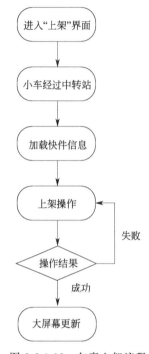

图 2-2-3-12　包裹上架流程

　　点击"上架"按钮后，系统会自动查询数据库中关于已经上架包裹的信息数据，然后显示"上架信息"的查询界面，如图 2-2-3-13 所示，可以看到关于上海仓库三个上架包裹的详细信息。可以点击"录入上架信息"按钮，手动录入上架包裹的信息，并保存至相应的数据库中，也可以取消刚才的上架操作，并且可以点击下面的查询上架信息按钮，查询详细的上架包裹信息。

图 2-2-3-13　"上架信息"查询界面

"包裹上架"主要程序源代码如下：

```
1.   /// <summary>
2.   /// 上架操作
3.   /// </summary>
4.   [HttpPost]
5.   public ActionResult DoShelfOn(List<ExpressPackageEx> list){
6.
7.   List<string> result = shelfOnBLL.DoShelfOn(list);
8.
9.   if (result != null && result.Count > 0){
10.  Common.PCState = 3;
11.  }
12.
13.  return Json(result);
14.  }
15.  /// <summary>
16.  /// 取消上架操作
17.  /// </summary>
18.  [HttpPost]
19.  public ActionResult CancelShelfOn(List<ExpressPackageEx> list){
20.
21.  List<string> result = shelfOnBLL.CancelShelfOn(list);
22.
23.  if (result != null && result.Count > 0){
24.  Common.PCState = 2;
25.  }
26.
27.  return Json(result);
28.  }
```

（五）包裹下架

包裹下架流程如图 2-2-3-14 所示。点击主界面的"下架"按钮，进入"下架"界面，系统会自动查询关于下架包裹的数据，然后显示在弹出的窗口中。如图 2-2-3-15 所示显示的是三个已下架包裹的详细信息。可以手动录入想要下架包裹的信息后操作下架，也可以取消下架操作，然后同步更新监控大屏信息，小车经过中转站时报警灯会亮起。

"包裹下架"主要源代码如下：

```
1.   /// 下架操作
2.   /// </summary>
3.   /// <param name = "sender"></param>
4.   [HttpPost]
5.   public ActionResult DoShelfOff(List<ExpressPackageEx> list){
6.
```

```
7.   List<string> result = shelfOffBLL.DoShelfOff(list);
8.
9.   if (result ! = null && result.Count > 0) {
10.  Common.PCState = 4;
11.  }
12.
13.  return Json(result);
14.  }
15.
16.  [HttpPost]
17.  public ActionResult CancelShelfOff(List<ExpressPackageEx> list) {
18.
19.  List<string> result = shelfOffBLL.CancelShelfOff(list);
20.
21.  if (result ! = null && result.Count > 0) {
22.  Common.PCState = 3;
23.  }
24.
25.  return Json(result);
26.  }
```

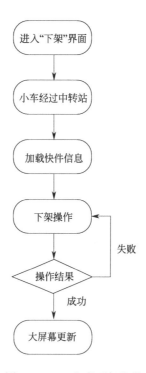

图 2-2-3-14   包裹下架流程

图 2-2-3-15　"下架信息"界面

(六)包裹出库

图 2-2-3-16 是包裹出库流程。点击"出库"按钮后,系统会自动查询数据库关于已经出库包裹的信息数据,然后显示在弹出的窗口中。如图 2-2-3-17 所示,显示的是三个出库包裹的详细信息。可以点击"录入出库信息"按钮,手动录入出库包裹的信息,并保存至相应的数据库中,也可以取消刚才的出库操作。可以点击下面的"查询出库信息"按钮,查询详细的出库包裹信息。

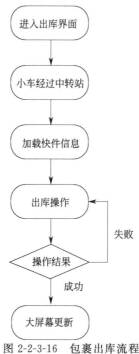

图 2-2-3-16　包裹出库流程

图 2-2-3-17　"出库信息"界面

"包裹出库"主要代码如下：

```
1.    /// ⟨summary⟩
2.    /// 出库操作
3.    /// ⟨/summary⟩
4.    [HttpPost]
5.    public ActionResult DoStockOut(List⟨ExpressPackageEx⟩ list) {
6.
7.    List⟨string⟩ result = stockOutBLL. DoStockOut(list);
8.
9.    if (result ! = null && result. Count ⟩ 0) {
10.   Common. PCState = 5;
11.   }
12.
13.   #region 启动小车
14.   string url = ConfigurationManager. AppSettings["Url"];
15.   url = string. Format("http://{0}/Home/Control? appid = 1&name = 小车状态 &value = 1", url);
16.   HttpWebRequest req = (HttpWebRequest)HttpWebRequest. Create(url);
17.   req. Method = HttpMethod. Get. ToString();
18.   req. ContentType = "text/html;chartset = UTF-8";
19.
20.   HttpWebResponse resp = (HttpWebResponse)req. GetResponse();
21.   using (Stream stream = resp. GetResponseStream()) {
22.   StreamReader reader = new StreamReader(stream);
23.   string json = reader. ReadToEnd();
24.   }
25.
```

```
26.    #endregion
27.
28.    return Json(result);
29.    }
30.    /// <summary>
31.    /// 取消出库
32.    /// </summary>
33.    [HttpPost]
34.    public ActionResult CancelStockOut(List<ExpressPackageEx> list) {
35.
36.    List<string> result = stockOutBLL.CancelStockOut(list);
37.
38.    if (result != null && result.Count > 0) {
39.    Common.PCState = 4;
40.    }
41.
42.    return Json(result);
43.    }
```

（七）监控大屏

每当小车带着包裹经过一个站点，每执行一个操作，大屏系统便会同步更新数据，监控大屏显示流程如图 2-2-3-18 所示。比如入库包裹，如果小车运送的包裹已经在数据库中存在了，证明包裹是已经上架过的包裹，那么上架报警灯就会亮起，并且同步更新大屏监控信息，提示该包裹已经上架过。小车经过中转站时报警灯便会亮起。同理，入库、下架等也都是同样的过程。

图 2-2-3-18　监控大屏显示流程

图 2-2-3-19 所示是智慧物流系统四种监控操作过程中的截图，分别是入库信息、上架信息、下架信息、出库信息。

(a) 入库信息

(b) 上架信息

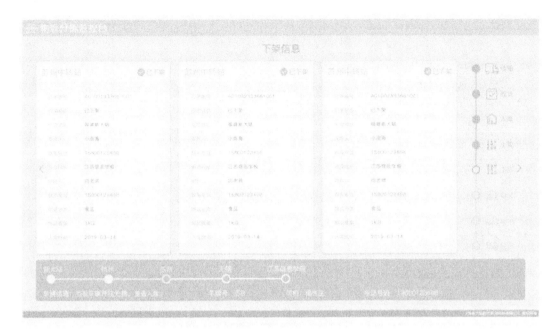

(c) 下架信息

(d) 出库信息

图 2-2-3-19　监控大屏截图

"监控大屏"主要源代码如下：

1. /// 〈summary〉
2. /// 设置站点
3. /// 〈/summary〉
4. ［HttpPost］

```
5.    public string SetPCStation(int station, string id = "")
6.    {
7.
8.    if (string.IsNullOrWhiteSpace(id)) {
9.    Common.PCStation = station;
10.   return station.ToString();
11.   } else {
12.
13.   string where = string.Format(" AND rfid = '{0}'", id);
14.
15.   List<ExpressPackageEx> list = pCMonitorBLL.GetExpressPackage(where);
16.
17.   if (list == null || list.Count == 0) return "-1";
18.
19.   ExpressPackageEx model = list[0];
20.
21.   if (station == 1 && model.State == 1)
22.   {
23.   Common.PCStation = station;
24.   return station.ToString();
25.   }
26.   else if (station == 2 && (model.State >= 1 && model.State <= 4))
27.   {
28.   Common.PCStation = station;
29.   return station.ToString();
30.   }
31.   else if (station == 3 && (model.State >= 5 && model.State <= 8))
32.   {
33.   Common.PCStation = station;
34.   return station.ToString();
35.   }
36.
37.   return "-1";
38.   }
39.   }
40.
41.   /// <summary>
42.   /// 获取站点
43.   /// </summary>
44.   [HttpPost]
45.   public ActionResult GetPCStationData()
46.   {
47.   List<Station> list = pCMonitorBLL.GetPCStationData();
48.   return Json(list);
```

```
49.    }
50.
51.    /// <summary>
52.    /// 获取包裹
53.    /// </summary>
54.    [HttpPost]
55.    public ActionResult GetExpressPackageEx(string state)
56.    {
57.
58.    string where = string.Format(" AND [State]={0}", state);
59.
60.    List<ExpressPackageEx> list = pCMonitorBLL.GetExpressPackage(where);
61.
62.    return Json(list);
63.    }
```

【归纳总结】

　　智慧物流系统的感知层利用 NB-IoT 网络把物流的数据采集到云平台，四通道读卡器通过串口服务器连接到上位机，系统传输层进行串口服务器的配置，系统应用层采集到传递过来的数据后，利用 C♯ 语言和 PDA 平台开发出项目需要的物流数据显示和物流控制界面，完成整个智慧物流系统的控制和应用。整个智慧物流系统的建设需要运用底层硬件的开发、网关配置、上位机开发等多种技术，这些组成了一个完整的物联网项目系统的开发流程。

练习与实训

　　1. NB-IoT 的应用场景有哪些？试举例说明。
　　2. 若在系统感知层添加光敏传感器，则底层硬件和软件应如何修改？

项目三　工业物联网

任务一　组建系统感知层

【任务分析】

　　工业物联网系统的主要功能有：根据不同的工业现场设备以及用户的不同需要，对制造设备进行相应控制和状态查询；在工业物联网网关上实现工厂内部网络接入因特网或移动网，使用户可以现场或远程控制工厂内部设备或实时进行生产状况的在线观看；开发人机交互界面，方便用户进行参数设定，配置与控制各类工业设备。基于物联网技术的工业物联网系统设计拓扑图如图 2-3-1-1 所示。

　　工业物联网系统实现工业生产、生产监测、自动控制、环境监控、远程监控等功能。通过无线通信采集室内温度、湿度等数据，并将采集的数据通过工业物联网网关传输到服务器端显示；对工业生产设备进行控制，完成机械手、雕刻系统、AGV、视觉等系统状态的控

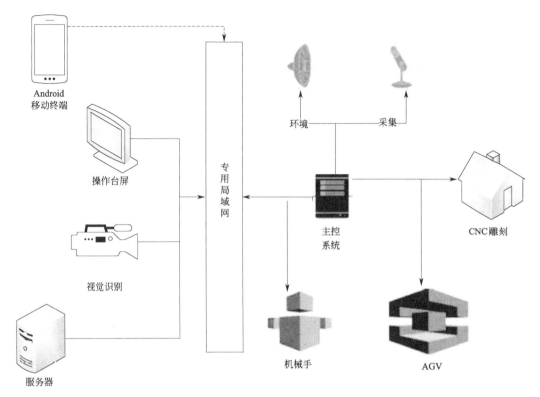

图 2-3-1-1　工业物联网系统设计拓扑图

制，实现工业环境的全面监控。

【相关知识】

一、 PLC 控制系统

可编程逻辑控制器（Programmable Logic Controller，PLC），是为工业生产设计的一种数字运算操作的电子装置，它采用可编程的存储器，用于其内部存储程序，执行逻辑运算、顺序控制、定时、计数与运算操作等面向用户的指令，并通过数字式或模拟式输入/输出控制各种类型的机械或生产过程。PLC 技术是工业控制的核心部分。

PLC 实质是一种专用于工业控制的计算机，其硬件结构基本上与微型计算机相同，基本构成如下。

1. 电源

PLC 的电源在整个系统中起着十分重要的作用。如果没有一个良好的、可靠的电源系统，则 PLC 是无法正常工作的，因此 PLC 的制造商对电源的设计和制造也十分重视。一般交流电压的波动为 10％～15％，所以可以不采取其他措施而将 PLC 直接连接到交流电网上去。

2. 中央处理单元

中央处理单元（CPU）是 PLC 的控制中枢。它按照 PLC 系统程序赋予的功能，接收并存储从编程器键入的用户程序和数据；检查电源、存储器、I/O 以及警戒定时器的状态，还能诊断用户程序中的语法错误。当 PLC 投入运行时，首先它以扫描的方式接收现场各输入装置的状态和数据，并分别存入 I/O 映像区，然后从用户程序存储器中逐条读取用户程序，经过命令解释后按指令的规定执行逻辑或算数运算的结果，并且送入 I/O 映像区或数据寄存器内。等所有的用户程序执行完毕，最后将 I/O 映像区的各输出状态或输出寄存器内的数据传送到相应的输出装置，如此循环运行，直到停止运行。

为了进一步提高 PLC 的可靠性，近年来对大型 PLC 还采用双 CPU 构成冗余系统，或采用三 CPU 的表决式系统。这样，即使某个 CPU 出现故障，整个系统仍能正常运行。

3. 存储器

PLC 使用的存储器有以下两类：

① 存放系统软件的存储器，称为系统程序存储器；

② 存放应用软件的存储器，称为用户程序存储器。

4. 输入输出接口电路

现场输入接口电路由光耦合电路和微机的输入接口电路组成，它是 PLC 与现场控制的接口界面的输入通道。

现场输出接口电路由输出数据寄存器、选通电路和中断请求电路集成，PLC 通过现场输出接口电路向现场的执行部件输出相应的控制信号。

5. 功能模块

如计数、定位等功能模块。

6. 通信模块

如以太网、RS485、Profibus-DP 通信模块等。

二、 CODESYS 平台

CODESYS 是可编程逻辑控制器 PLC 的完整开发环境（CODESYS 是 Controlled Development System 的缩写），CODESYS 软件工具是一款基于先进的 .NET 架构和 IEC 61131-3 国际编程标准的、面向工业 4.0 及物联网应用的软件开发平台。CODESYS 软件平台的独特优势是：用户使用此单一软件工具套件，就可以实现一个完整的工业自动化解决方案，即在 CODESYS 软件平台下，可以实现逻辑控制（PLC）、运动控制（Motion Control），以及 CNC 控制、人机界面（HMI）、基于 Web Service 的网络可视化编程和远程监控、冗余控制（Redundancy）、安全控制（Safety）等。

在 PLC 程序员编程时，CODESYS 为强大的 IEC 语言提供了一个简单的方法，系统的编辑器和调试器的功能是建立在高级编程语言基础上的（如 Visual C++）。CODESYS 软件还可以编辑显示器界面（Visualization），具有很多的控制模块（Motion），可以放置图片等强大的功能，典型的用户有 ifm 等。

（一） CODESYS 系统的特点

1. 标准化

符合 IEC 61131-3 国际标准（即提供六种编程语言）和 IEC 61508（安全标准）。

2. 开放式、可重构的、组件化平台架构

CODESYS 可以向用户共享其全球领先的自动化开发平台中间件 CODESYS Automation Platform，并倾力支持和帮助用户开发出拥有自主知识产权的开发环境。

基于 . NET 架构，CODESYS 软件由各种组件化的功能件（编译器、调试器、运动控制、CNC、总线配置等）组成；用户可以根据自己的实际需求进行裁剪，并完全支持用户基于 CODESYS 公司提供的强大中间件产品和标准，构建开发出有自主知识产权的功能组件和库。

3. 良好的可移植性和强大的通信功能

CODESYS 完全支持 EtherCAT、CANopen、Profibus、Modbus 等主流的现场总线。CODESYS Runtime System 可以运行在各种主流的 CPU 上，如 ARM、X86，并支持 Linux、Windows、VxWorks、QNX 等操作系统或无操作系统的架构。

（二）CODESYS 系统的软件架构

CODESYS 系统的软件架构具有开发层、通信层和设备层。CODESYS 代码执行机制是编译执行，用户在开发层编写完成的 IEC 程序，通过集成的编译器编译为二进制代码，再通过以太网或串口下载至设备层中，最终该应用程序中的文件被转为二进制代码存放在目标设备中，可以根据用户设定的执行方式循环执行对应程序。

1. 开发层

CODESYS 开发系统（Development System）具有完善的在线编程和离线编程功能，具备编译器及其配件组件、可视化界面编程组件等，同时提供用户可选的运动控制模块，可使其功能更加完整和强大。

CODESYS 提供了所有 IEC61131-3 定义的五种编程语言，如结构化文本（ST）、顺序功能图（SFC）、功能块图（FBD）、梯形图（LD）和指令表，此外还支持连续功能图（CFC）的编程语言。

① 编译器：负责将 CODESYS 中的应用程序转换为机器代码，并且优化可编程控制器的性能。当用户输入了错误的应用程序代码时，立刻会接收到编译器发出的语法错误警告及错误信息，让编程人员可以迅速做出相应纠正。用户可以不必改变编程方式，就可以使用不同的基于 CODESYS 编程的硬件装置（系统）进行工程开发。

② 硬件/现场总线配置器：针对不同制造商的硬件设备及不同现场总线协议，该部分负责在 CODESYS 中对相应参数进行设定。

③ 可视化界面编程：直接在 CODESYS 中即可实现可视化编程（人机界面 HMI），系统已经集成了可视化编辑器。

④ 运动控制模块：运动控制功能已经集成在 CODESYS 中，形成了 SoftMotion（CNC）软件包。基于 PLCopen 的工具包可以实现单轴、多轴运动，电子凸轮传动，电子齿轮传动，复杂多轴 CNC 控制等。

2. 通信层

应用开发层和硬件设备层之间的通信是由 CODESYS 中的网关服务器来实现的，在 CODESYS 网关服务器中安装了 OPC 服务器。

① CODESYS 网关服务器：作用在应用开发层和硬件设备层之间，可以使用 TCP/IP 协议或通过 CAN 等总线实现远程访问，是 CODESYS 开发工具包不可分割的一部分。

② CODESYS OPC 服务器：对基于 CODESYS 进行编程的控制器，无需考虑所使用的

硬件 CPU，已经集成并实现了 OPC V2.0 规范的多客户端功能，且能同时访问多个控制器。

BT43. 设备层

在使用基于 IEC 61131-3 标准的编程开发工具 CODESYS 对一个硬件设备进行操作前，硬件供应商必须要在设备层预先安装 CODESYS 的实时核（CODESYS Runtime）。同时，也可以通过使用 CODESYS 的可选组件，如 CODESYS 目标可视化编程模块或网络可视化编程模块，实现在功能上的扩展。

【任务实施】

一、系统感知层硬件设计

（一）主控设备 CDS-APAX5580-R010B

对工业物联网而言，运算及通信是新一代自动化控制器的关键特性。大数据处理与设备联网能力将成为物联网控制平台的基本标准。研华研制开发的开放式控制平台，通过分核技术，实现 OT 与 IT 的高度整合，引领智能设备的未来。

CDS-APAX5580-R010B 主控设备如图 2-3-1-2 所示，是一款全新的自动化控制器，拥有更高的实时性，可用于高速设备的状态采集，并且可通过 SIM 卡或者扩展 Mini PCIe 模块，实现移动终端远程监控，安全模块内置 USB 接口，可支持"加密狗"，系统更加稳定安全。

图 2-3-1-2　主控设备实物图

CDS-APAX5580 设备拥有以下特点。

1. 分核分系统

面对严苛的工业环境，新型设备及产线在保证开放性和互联性的同时，也要实现稳定性和实时性。研华 PAC 通过分核技术，以及实时系统与 Windows 系统，分别放在不同处理器中互不影响，保留了 CODESYS 内核的实时性和 Windows 系统的互联性，优化了效能并且备有实时、稳定、开放、互联的特性。

2. 软硬结合搭载双系统，整合自动化与信息化

越来越多的智能工厂的设备，要求系统完成复杂运动控制的同时，还要整合机器视觉、数据库或者 MES 系统。研华 PAC 采用分核技术，在 COD 内核中实现高度的实时性控制，同时还有 Windows 核心处理机器视觉、数据库以及 MES 系统。PAC 还内置了无线模块，可以轻松实现远程运行与维护。

3. 模块化设计

随着设备迭代周期加快，设备制造商可以利用成熟模块快速搭建控制系统，更加专注于具体工艺的升级。研华 PAC 采用模组化设计，为设备升级预留了扩充空间，并且在项目施工时可快速搭建。当面临既有设备升级或者终端用户临时需求时，只需在原控制核心上添加模块即可，节省备件与时间成本，让系统整体更加稳定可靠。

（二）AGV 系统 AGV-VH867

AGV-VH867 实物如图 2-3-1-3 所示，其外形参数与功能特点如下：

图 2-3-1-3　AGV-VH867 实物图

① 外形尺寸 800mm×600mm×700mm；

② 驱动轮为 5 寸橡胶轮，被动轮为 2 寸万向轮；

③ 主结构材料为冷轧钢板；

④ 载重为 50kg，附带输送线；

⑤ 传感器：红外避障、红外防跌落、霍尔转速传感器；

⑥ 电源使用的是 24V 直流，动力电池使用 12Ah/24V，充电时间大约 5 小时；

⑦ 电机使用的是三相无刷直流电机；

⑧ 电机功率约 60W，传动模式是皮带传送。

（三）机械手系统 NBW1000-C-6

系统使用的机械手实物如图 2-3-1-4 所示，相关的硬件为：纳博万机器人 NBW1000-C-

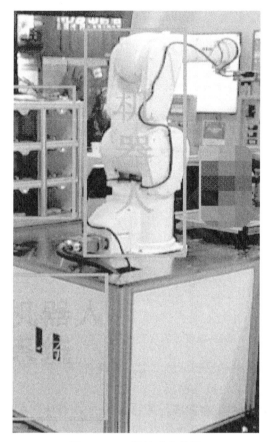

图 2-3-1-4　机械手实物图

6；机器人本体 5kg；机器人控制器；示教盒；IO 信号板；控制电缆；控制软件；机器人夹具为非标定制；模块化工作台为非标定制。

机械手的安装台面：700mm×700mm；配置有示教器，用来调整机械手的动作；轴数为 6 轴，最大的负载是 7kg；机械手重复定位精度：±0.03mm；最大的臂展是 716mm；本体重量约 36kg，能耗 1.5kW，主要应用在装配和物料搬运。

主要的基础功能有：安全防护、用户管理、工程程序和变量管理，工具和坐标系的示教和管理；点动、自动运行和位置查看。

高级功能主要分布在 PLC 功能，机器人提供与外部 PLC 接口、PLC 外部控制，外部坐标跟踪等。

（四）温度、湿度变送器 NBW6001

温度、湿度变送器 NBW6001（图 2-3-1-5）是一款性能稳定的温度、湿度数据采集产品，采用瑞士进口传感器，测量精度高，可广泛适用于机房、仓库、楼宇及自控等需要监测温度、湿度的场所。

该温度、湿度变送器采用 MODBUS 协议，可选用 RS485 或 RS23 通信方式，具有传输距离远、抗干扰能力强的优点。

温度、湿度变送器具有多种安装形式可选：一体壁挂式、管道式和分体壁挂式，可选配

图 2-3-1-5　温度、湿度变送器（NBW6001）实物图

安装螺钉或法兰。其中，数码显示型能够实时显示所处环境的温度与湿度数据，便于用户实时、直观地监测环境变化，并快速做出反应，保证生产环境的稳定性；同时可将多个温度、湿度变送器或其他 RS485 通信设备共同组网接入 RS485 总线，实现多点监测。

图 2-3-1-6　NBW-DTS5001 电能表实物图

（五）电能表 NBW-DTS5001

NBW-DTS5001 电能表（图 2-3-1-6）采用大屏幕液晶显示，带有 RS485（通信协议 MODBUS-RTU）远程抄表的功能，能精确地计量有功电能。该表是根据国家标准 GB/T 17215.321—2008《1 级和 2 级静止时交流有功电度表》，以及国际 UEC62053-21 设计，并采用先进的超低功耗大规模集成电路技术及 SMT 工艺制造的高新技术研制的产品，其关键元器件使用国际知名品牌的长寿命器件，提高了产品的可靠性和寿命。产品的电路计量部分

采用专用计量芯片，能可靠、准确地计量有功电能。该产品采用线性电源供电方式，计量芯片将电能转换为脉冲，再通过微处理器完成电能采集，具备功率计算和电能脉冲输出、LCD显示处理等功能。在数据安全性上采用冗余设计，数据采用多重备份，确保了计量数据的可靠。

（六）视觉设备 NBW-SJ4001

视觉设备 NBW-SJ4001 如图 2-3-1-7 所示，其性能参数及功能特点如下：

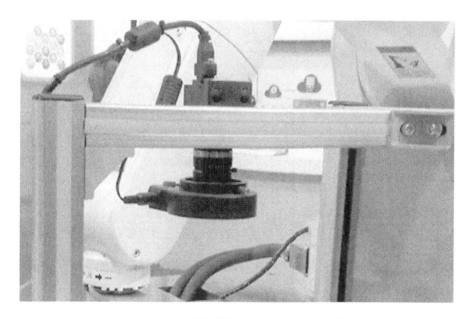

图 2-3-1-7　视觉设备 NBW-SJ4001 实物图

① 安装台面：通过钣金固定 CMOS 镜头，位置准确；

② 分辨率：12592×1944（bpi）；

③ 帧率：9fps；

④ 数据接口：USB2.0，型号为 B；

⑤ 额定功耗：小于 2W（5V，DC）；

⑥ 浩蓝镜头：500 万像素以上；

⑦ 海约光源：输入电压 12V，长为 210mm，宽为 100mm，高为 45mm。

（七）雕刻设备 NBW-CNCDK3001

雕刻设备 NBW-CNCDK3001 如图 2-3-1-8 所示，其参数及功能特点如下：

① 组成：包括雕刻机主机、控制箱、工控电脑；

② 工作电压：220V；

③ 激光功率：5.5W；

④ 加工精度：0.1～0.3mm；

⑤ 工控电脑尺寸：230mm×290mm×360mm；

⑥ 控制箱尺寸：370mm×250mm×180mm；

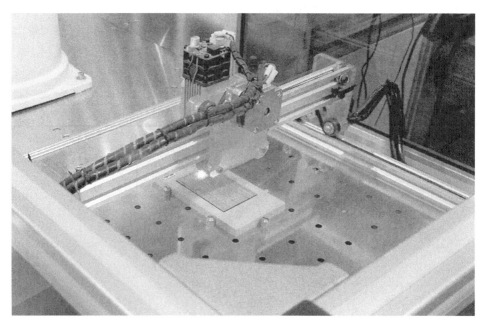

图 2-3-1-8　雕刻设备实物图

⑦ 台面尺寸：700mm×700mm；

⑧ 可加工材质：木头类、塑料类、纸类、竹子、亚克力（需贴膜）、海绵纸等。

（八）硬件设备布局图

工业物联网系统的硬件设备整体布局如图 2-3-1-9 所示。

图 2-3-1-9　硬件设备布局图

二、系统感知层软件设计

（一）工业物联网系统结构图

工业物联网系统包括机械手系统、能耗系统、视觉系统、AGV系统和温湿度系统。温湿度系统和能耗系统通过RS485与上位机软件系统进行通信，视觉系统通过路由器与上位机软件系统进行通信，AGV系统通过无线模块与上位机软件系统进行通信，机械手系统通过PLC的I/O模块与上位机软件系统进行通信。工业物联网系统结构框图如图2-3-1-10所示。

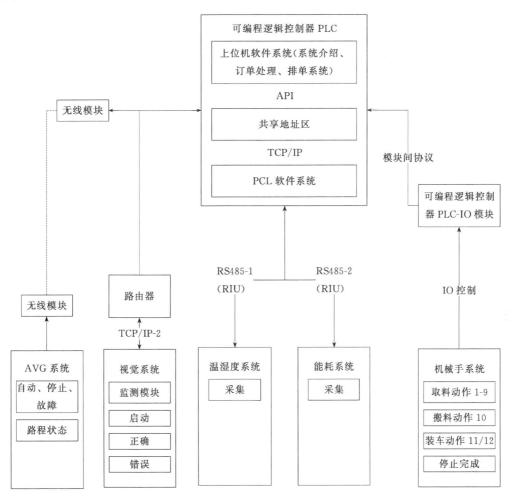

图2-3-1-10　工业物联网系统结构框图

（二）主程序设计

当有待做订单时，上位机会发送启动信号，机械手按照上位机发送的取料口号去对应取料口取料，雕刻机对来料进行检测并进行雕刻，雕刻完成后机械手搬运物料到视觉检测台进行视觉检测，检测正常后机械手搬运到AGV正常格子，如果检测异常则搬运到AGV异常格子。主程序流程图如图2-3-1-11所示。

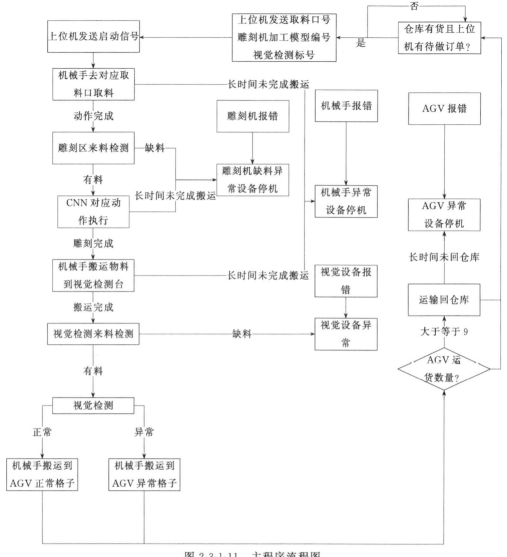

图 2-3-1-11　主程序流程图

设备启动主要源代码如下：

```
1.  IF aryOutSta[9] = 1 AND aryInSta[27] = THEN
2.  IF stuDATA_x.enuProcess = 0 THEN
3.  IF h >= 10 THEN
4.  StuDATA_x.enuProcess := 1;//启动取货
5.  ELSE
6.  h := h + 1;
7.  END_IF
8.  END_IF
9.  ELSIF aryInSta[27] = 0 THEN//没在原点
10.  StuDATA_x.Err.ErrPICKUPx[0] := 1;
11.  ELSIF aryOutSta[9] = 0 THEN//机器人没启动
12.  StuDATA_x.Err.ErrPICKUPx[1] := 1;
13.  END_IF
```

取货流程主要源代码如下：

```
1.   stuDATA_x. stuPickUp. enuStation ：= 1;
2.   IF stuDATA_x. stuPickUp. Num ＞= PickRobOutNum THEN
3.   stuDATA_x. stuPickUp. Num ：= PickRobOutNum-1;
4.   END_IF
5.    FOR i ：= 0 TO 8 BY 1 DO
6.   IF i = stuDATA_x. stuPickUp. Num THEN
7.   IF aryInSta[i] = 1 THEN
8.   hh ：= 1;
9.   aryOutSta[i] ：= 1;//对应的库存取输出,I/O 输出
10.  IF iy＜ 100 THEN
11.  Iy ：= iy + 1;
12.  aryOutSta[17] ：= 1;
13.          ELSE
14.  aryOutSta[17] ：= 0;
15.  END_IF
16.  ELSE
17.  aryOutSta[i] ：= 0;//违规操作 0
18.  StuDATA_x. Err. ErrPICKUPx[0] ：= 1;//人员违规取料
19.  END_IF
20.  IF aryInSta[15] = 1 AND aryInSta[stuDATA_x. stuPickUp. Num] = 0 AND hh = 1 THEN//等待取货完成
21.  Iy ：= 0;
22.  hh ：= 0;
23.  aryOutSta[17] ：= 0;//机器人启动
24.  aryOutSta[stuDATA_x. stuPick. Num] ：= 0;//清除库存取输出,I/O 输出
25.  stuDATA_x. stuPickUp. enuStation ：= 2;//取货完成
26.  StuDATA_x. enuProcess ：= 2;//雕刻
27.  EDN_IF
28.  IF stuDATA_x. stuSculpture. Num = 0 THEN
29.  aryOutSta[25] ：= 0;aryOutSta[26] ：= 0;aryOutSta[27] ：= 0;aryOutSta[28] ：= 0;aryOutSta[29] ：= 0;
30.  END_IF
```

雕刻流程主要源代码如下：

```
1.   stuDATA_x. stuSculpture. enuStation ：= 1;
2.   IF stuDATA_x. stuSculpture. Num ＞= ScuRobOutNum THEN
3.   stuDATA_x. stuSculpture. Num ：= ScuRobOutNum-1;
4.   END_IF
5.   aryOutSta[24] ：= 0;//雕刻机停止
6.   IF stuDATA_x. stuGripper. Laser = 1 THEN
7.   aryOutSta[31] ：= 1;//雕刻机激光
8.   ELSE
9.   aryOutSta[31] ：= 0;//雕刻机激光
```

10.　　END_IF

11.　　IF eqInSta[15].Q AND aryOutSta[23] = 0 AND aryInSta[24] = 0 THEN//放料到雕刻机 OK,还没
雕刻

12.　　aryOutSta[23] := 1;//雕刻使能

13.　　//aryOutSta[17] := 1;

14.　　Iy := 0;

15.　　END_IF

16.　　IF aryInSta[23] = 1 THEN//等待雕刻完成

17.　　aryOutSta[23] := 0;//雕刻机使能

18.　　//aryOutSta[17] := 1;

19.　　Iy := 0;

20.　　//aryOutSta[24] := 1;//雕刻机停止

21.　　aryOutSta[25 + stuDATA_x.stuSculpture.Num] := 0;//清除雕刻机控制

22.　　stuDATA_x.stuSculpture.enuStation := 2;//雕刻完成

23.　　stuDATA_x.enuProcess := 3;//搬运

24.　　END_IF

视觉检测流程主要源代码如下：

1.　　stuDATA_x.stuVision.enuStation := 1;

2.　　IF ((staDATA_x.stuVision.enuResult[0] = 1) OR (stuDATA_x.stuVision.enuResion[1] = 1))
THEN//等待视觉完成

3.　　iy := 0;

4.　　aryOutSta[17] := 0;

5.　　stuDATA_x.stuVision.enuStation := 2;//视觉完成

6.　　stuDATA_x.enuProcess := 5//投掷

7.　　END_IF

AGV 流程主要源代码如下：

1. staDATA_x.stuAgv.enuSation := 1;

2.　　IF staDATA_x.staAgv.Goal = 1 THEN//等待 AGV 运输完成

3.　　aryOutSta[17] := 0;

4.　　staDATA_x.stuAgv.enuStation := 2;

5.　　END_IF

任务二　开发系统应用层

【任务分析】

根据工业物联网系统的设计要求，完成工业物联网系统各模块的设计，并完成系统测试及发布。工业物联网系统的上位机功能包括：智能仓储模块，完成入库、出库、数据监控等信息；雕刻系统按图完成雕刻动作；机械手执行工单任务完成取料；视觉检测系统完成产品检测；AGV 输送模块对合格产品和不合格产品分别进行输送。工业物联网系统设计流程图如图 2-3-2-1 所示。

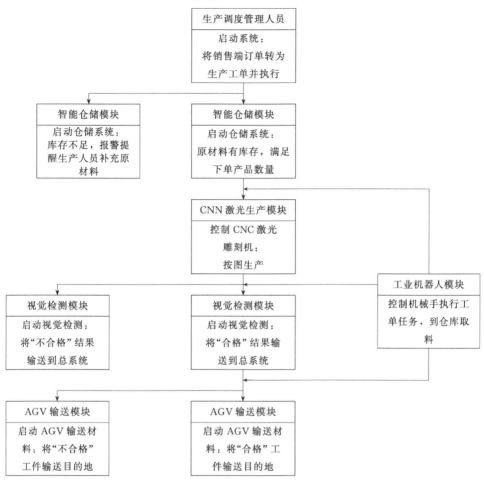

图 2-3-2-1 工业物联网系统设计流程图

【任务实施】

一、登录与下单设计

(一)"登录"界面

"登录"界面如图 2-3-2-2 所示,包含注册、登录、重置等功能,"登录"界面的源代码如下:

图 2-3-2-2 "登录"界面

```
1.   // Function Des:消息分发系列函数
2.   BOOL CLoginDlg：：InitDialog(HWND wndFocus, LPARAM lInitParam)
3.   {
4.   if (ASSERTNULL(m_perdit_Account))
5.   m_pedit_Acccount->SetWindowText(g_strAccount);
6.
7.   if (ASSERTNULL(m_pedit_Password))
8.   m_pedit_Password->SetWindowText(g_strPassword);
9.
10.  DMWriteLog(L"CLoginDlg：：InitDialog OK");
11.
12.  return TRUE;
13.  }
14.  // Function Des:事件分发系列函数
15.
16.  DM:.DMCode CLoginDlg：:OnUserLoginBtn()
17.  {
18.  CStringW strMsg;
19.  CWinThread * pThread = AfxBeginTherad(threadUserLogin,this);
20.
21.  If (NULL ！ = pThread)
22.  {
23.  pThread->m_bAutoDelete = TRUE;
24.  IsUserLogin(TRUE);
25.  }
26.  else
27.  {
28.  strMsg.Format(L"Err 用户登录失败\n 因为创建用户登录工作线程失败,threadUserLogin");
29.  DMWriteLog(strMsg);
30.
31.  DMMessageBox(strMsg);
32.  }
33.
34.  Return DM_ECODE_OK;
35.  }
36.  DM：:DMCode CLoginDlg：:OnResetBtn()
37.  {
38.  if (ASSERTNULL(m_pedit_Account))
39.  m_pedit_Account->SetWindowText(L"");
40.
41.  if (ASSERTNULL(m_pedit_Password))
42.  m_pedit_Password->SetWindowText(L"");
43.
44.  DM_Invalidate();
```

```
45.
46.    returnDM：：DM_ECODE_OK；
47.    }
48.    DM：：DMCode CLoginDlg：：OnRegAccountBtn()
49.    {
50.    INT_PTR iRes = 0；
51.    CStringW strRegAccount；
52.    CStringw strPassword；
53.    ENPERMISSION enPer = en_null；
54.
55.    iRes = DMMessageBox(L"确定新增一个用户账号?",TRUE,TRUE)；
56.
57.    if(IDOK = = iRes)
58.    {
59.    //显示用户注册窗口
60.    iRes = ShowRegisterDlg(strRegAccount,strPassword,enPer,false)；
61.
62.    if(IDOK = = iRes)//用户注册成功
63.    {
64.    if(ASSERTNULL(m_pedit_Account))
65.    m_pedit_Account->SetWindowText(strRegAccount)；
66.
67.    if(ASSERTNULL(m_pedit_Password))
68.    m_pedit_Password->SetWindowText(strPassword)；
69.    }
70.    }
71.      return DM：：DM_ECODE_OK；
72.    }
73.      LRESULT CLoginDlg：：OnLoginResults(UINT uMsg,WPARAM wParam,LPARAM lParam)
74.    {
75.    int iLoginSucc = (int)wParam；
76.    CStringW strMsg；
77.
78.    If(1 = = iLoginSucc)
79.    {
80.    strMsg.Format(L"用户%s登录成功\n权限：%s",m_strAccount,DMGetPermission(m_enPermission))；
81.
82.    CUsersMsgData：：GetSingleInstance().SetLoginAccount(m_strAccount,m_enPermission)；
83.    }
84.    else
85.    {
86.    //strMsg.Format(L"用户%s登录失败\n账号或密码错误",m_strAccount)；
87.    strMsg = *((CStringw*)lParam)；
88.
```

```
89.    CUsersMsgData::GetSingleInstance().SetLoginAccount(L"",en_null);
90.    }
91.
92.    DMWriteLog(strMsg);
93.    DMMessageBox(strMsg,TRUE,FALSE,WAITINFINITE,GetSafeHwnd());
94.
95.    IsUserLogin(FALSE);
96.
97.    If (1 = = iLoginSucc)
98.    {
99.    DMDestoryWaittingDlg(m_dlgWaitting);
100.   EndDialog(IDOK);
101.   }
102.   Return TRUE;
103.   }
```

(二)"下单中心"界面

"下单中心"界面主要显示队列中待处理的订单，以及电脑下单操作页面，"下单中心"界面如图 2-3-2-3 所示，"下单中心"界面的源代码如下：

图 2-3-2-3   "下单中心"界面

```
1.    // Function Des:下单界面事件分发系列函数
2.    DM::DMCode CMainProgram::OnLeftBtn()
3.    {
4.    Int iCurSel = -1;
5.
6.    If (NULL = = m_ptab_pattern)
7.    Return DM::DM_BCODE_OK;
8.
```

```
9.    iCurSel = m_ptab_Pattern->GetCurSel();
10.
11.   if(iCurSel > 0)
12.   {
13.   iCuiSel--;
14.   m_patb_Pattern->SetCurSel(iCurSel);
15.   }
16.
17.   return DM::DM_ECODE_OK;
18.   }
19.   BBGIN_MSG_MAP(CMainProgram)
20.   MESSAGE_HANDLER_EX(MSG_PLACEORDER.OnPlaceOrder)//下单消息响应
21.   MESSAGE_HANDLER_EX(MSG_ADDPUTSTORECORD,OnPutStoRecord)//插入一条入库记录消息响应
22.   MESSAGE_HANDLER_EX(MSG_FLUSHCURINV,OnFlushCurInv)//刷新当前库存显示消息响应
23.   MESSAGE_HANDLER_EX(MSG_FLUSHDRDERSTATE,OnFlushOrderState)//更新订单状态消息响应
24.   MESSAGE_HANDLER_EX(MSG_ADDORDERRECORDTOD,OnOrderRecordTod)//插入一条今日下单记录消息
      响应
25.   MESSAGE_HANDLER_EX(MSG_ADDORDERRECORDHIS,OnOrderRecordHis)//插入一条历史下单记录消息
      响应
26.   MESSAGE_HANDLER_EX(MSG_ADDORDERRECORDTOD,OnProceRecordTod)//插入一条今日加工记录消息
      响应
27.   MESSAGE_HANDLER_EX(MSG_ADDORDERRECORDHIS,OnProceRecordHis)//插入一条历史加工记录消息
      响应
28.   MESSAGE_HANDLER_EX(MSG_FLUSHWAITPN,OnFlushWaitPN)//刷新待加工件数消息响应
29.   MESSAGE_HANDLER_EX(MSG_FLUSHCOMPPN,OnFlushCompPN)//刷新已加工件数消息响应
30.   MESSAGE_HANDLER_EX(MSG_FLUSHPRNUMBER,OnFlushPRNumbei)//刷新总加工件数消息响应
31.   MESSAGE_HANDLER_EX(MSG_FLUSHPB,OnFlushProbability)//刷新加工产品率显示消息响应
32.   MESSAGE_HANDLER_EX(MSG_CHANGEWORKSTATE,OnChangeWorkState)//改变工作状态提示消息响应
33.   MESSAGE_HANDLER_EX(MSG_AGVGO,AGVGo)//启动小车消息响应
34.   MSG_WM_SHOWWINDOW(OnShowWindow)
35.   CHAIN_MSG_MAP(CDMMyDialog)//将未处理的消息交由CDMMyDialog处理
36.
37.   // Function Des：下单界面事件系列消息响应
38.   EVENT_NAME_COMMAND(BTN_LEFT,OnLeftBtn)
39.   EVENT_NAME_COMMAND(BTN_RIGHT,OnRightBtn)
40.   EVENT_NAME_COMMAND(BTN_INPUTPATTERN,OnInputPattern)
41.   EVENT_NAME_COMMAND(BTN_PLACEORDER,OnPlaceOrderBtn)
42.   EVENT_NAME_COMMAND(BTN_HANEXORDER,OnhanExOrder)
43.
44.   LRESULT CMainProgram::OnChangeWorkState(UINT uMsg,WPARAM wParam,LPARAM lParam)
45.   {
46.   ENWORKSTATE onWorkState = (ENWORKSTATE)wParam;
47.
48.   ShowWorkState(enWorkState0;
```

```
49.
50.    if（en_ordering = = enWorkState&&NULL！ = lParam)
51.    {
52.    CStringw strPatternPath;
53.    int* piOrdering = （int*)lParam;
54.
55.    //显示当前加工图案
56.    strPatternPath.Format(PAATHPATTERNNAME,DMGetRootPath(),piOrdering[0]);
57.    ShowWaitProcessingPattern(strPatternPath);
58.
59.    //显示待加工件数
60.    ShowWaitProcNumber(piOrdering[1];
61.    }
62.
63.    return TRUE;
64.    }
65.    DM：:DMCode CMainProgram:：OnemergencyStopBtn()
66.    {
67.    COrderProcessData:：GetSingleInstance().StopOrderProcess(TRUE);//停止下单加工
68.
69.    ShowWorkState(em_waitting);//将状态切换为待机
70.
71.    return DM:：DM_ECODE_OK;
72.    }
73.
74.    LRESULT CMainProgram:：OnPlaceOrder(UINT uMsg,WPARAM wParam,LPARAM lParam)
75.    {
76.    int iCurSel = （int)wParam;
77.    int iOrderCount = （int)lParam;
78.
79.    //将下单数据发送给下单处理程序
80.    AddPlaceOrder(iCurSel,iOrderCount,
81.    COrderProcessData:：GetSingleInstance().NewOrderNumber(),
82.    CUsersMsgData:：GetSingleInstance().GetLoginAccount());
83.
84.    return  TRUE;
85.    }
```

二、仓储系统设计

(一) 系统设计要求

仓储系统的要求如下。

(1) 通过手机或者 PC 下单，先判定物料有无库存，无库存则报警；有库存则移载机构移动到对应储位，同时物品推送机构将物品推出，移载机构移动到机械手抓取位，机械手将物料抓到数控加工区。

（2）数控系统按照导入的工艺设计完成加工后，机械手将其抓取到检测区进行检测。不合格机械手将其放于 AGV 不合格区，合格的产品机械手将其放在 AGV 上，通过 AGV 将其运到某固定位置。

（3）作业流程包含有原料有无判定、检测后工件合格/不良判定等。

（4）提供监控平台，可查看生产产量、生产进度、生产节拍、生产时间等。

（5）提供上位机监控平台，可以通过手机实现对关键数据的监控。

仓储系统的数据中心页面主要展示今日加工信息、历史加工信息，以及库存信息等，如图 2-3-2-4 所示。

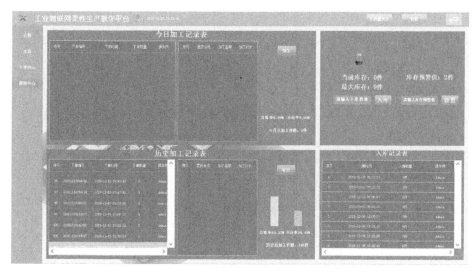

图 2-3-2-4　数据中心界面

仓储系统设计的流程图如图 2-3-2-5 所示。

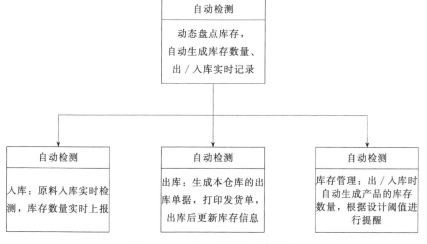

图 2-3-2-5　仓库系统设计流程图

(二) 相关源代码

库存生产订单编号的源程序如下：

```
1.   LRESULT CMainProgram::OnOrderRecordTod(UINT uMsg,WPARAM wParam,LPARAM lParam)
2.   {
3.   LPSTRORDERRECORD pstr_OrderRecord = (LPSTRORDERRECDRD)wParam;
4.   int iItem = (int)lParam;
5.
6.   //显示订单编号
7.   ShowOrderNumber(pstr_OrderRecord->strOrderNumber);
8.
9.   InsertOrderRecord(iIem.(*pstr_OrderRecord),FALSE);
10.  ClearProceRecord(FALSE);
11.
12.  return  TRUE
13.  }
14.  LRESULT CMainProgram::OnOrderRecordHis(UINT uMsg,WPARAM wParam,LPARAM lParam)
15.  {
16.  LPSTRORDERRECORD pstr_OrderRecord = (LPSTRORDERROCORD)wParam;
17.  int iIem = (int)lParam;
18.
19.  InsertOrderRecord(iIem,(*pstr_OrderRecord),TRUE);
20.  ClearProceRecord(TRUE);
21.
22.  return TRUE
23.  }
```

下单记录的源程序如下：

```
1.   DM::DMCode CMainProgram::OnExportOrdRecordTod()
2.       {
3.       ExportOrdRecord(CRecordData::GetSingleInstance().m_mapOrderRecordTod,
4.       CRecordData::GetSingleInstance()m_mapProceRecordTod,L(今日下单记录表);
5.       return DM::ECODE_OK;
6.       }
7.
8.       DM::DMCcodeCMainProgram::OnExportOrdRecordHis()
9.       {
10.        ExportOrdRecord(CRecordData::GetSingleInstance().m_mapOrderRecordTHis,
11.        CRecordData::GetSingleInstance()m_mapProceRecordHis,L(历史下单记录表);
12.        return DM::ECODE_OK;
13.       }
```

订单入库的源程序如下：

```
1.   UINT CMainProgram::funPutStorage()
```

```
2.   {
3.   int iInventory = 0；
4.   int iMaxInventory = 0；
5.   CStringW strInventory；
6.   CStringW strMsg；
7.   STRPUTSTORECORD str_PutStoRecord；
8.   CTime tm；
9.   DM::DUIEdit* pedit_PutStoCount = NULL；//入库数量
10.  DM::DUIButton* pbtn_PutSto = NULL：
11.
12.  pbtn_PutSto = (DM::DUIButton*)FindChildByName(BTN_PUTSTORAGE)；
13.  pedit_PuStoCount = (DM::DUIEdit*)FindChildByName(EDRR_PUTSTCOUNT)；//入库数量
14.
15.  if (NULL ！= pbtn_PutSto)
16.  pbtn_PutSto->DM_EnableWindow(FALSE)；
17.
18.  do
19.  {
20.  if (NULL == pedit_PutStoCount)
21.  break；
22.
23.  if (！CUsersMsgData::GetSingleInstance(),IsLogin())
24.  {
25.  DMMessageBox(L"请先登录",TRUE,FALSE,WAITINFINITE.GetSafeHwnd())；
26.  break；
27.  }
28.  if (！CUsersMsgData::GetsingleInstance(),IsAdmin())
29.  {
30.  DMMessageBox(L"非管理员操作",TRUE,FALSE,WAITINFINTTE,GetSafeHwnd())；
31.  break；
32.  }
33.  if (COrderProcessData::GetSingleInstance().IsOrdering())
34.  {
35.  DMMessageBox(L"正在下单加工中,禁止库存操作!",TRUE,FALSE,WAITINFINITE,GetSafeHwnd())；
36.  break；
37.  }
38.  if(CWarehouseData::GetSingleInstance(),GetInventory()>=
39.  CWarehouseData::GetSingleInstance().GetMaxInventory())
40.  {
41.  DMMessageBox(L"当前库存充足,无需入库",TRUE,FALSE,WAITINFINITE,GetSafeHwnd())；
42.  break；
43.  }
44.  iMaxInventory = CWarehouseData::GetSingleInstance().GetMaxInventory()-
45.  CWarehouseData::GetsingleInstance().GetInventory()；
```

```
46.    if (iInventory＞iMaxInventory)//设置的库存值不能超过最大可入的库存数量
47.    {
48.    strMsg.Format(L"设置的库存值不能超过最大可入的库存数量\n最大可入库存：%d件,iMaxIn-
       ventory);
49.    DMMessageBox(strMsg,TRUE,FALSE,WAITINFINITE,GetSafeHwnd());
50.
51.    break;
52.    }
53.
54.    strMsg.Format(L"确定入库？\n数量：%d件",iInventory);
55.    if (IDCANCEL ＝ ＝ DMMessageBox(strMsg,TRUE,FALSE,WAITINFINITE,GetSafeHwnd()))
56.    break;
57.
58.    CWarehouseData：：GetASingleInstance(),SetInventory(CWarehouseData：：GetSingleInstance(),
       Getnventory() + iInventory);
59.
60.    if (COrderProcessData：：GetSingleInstance().IsOrdering())
61.    {
62.    DMMessageBox(L"正在下单加工中,禁止库存操作!",TRUE,FALSE,WAITINFINITE,GetSafeHwnd());
63.    break;
64.    }
65.
66.    if (CWarehouseData：：GetSingleIntance().GetInventory()＞＝
67.    CWarehouseData：：GetSingleInstance(),GetMaxInventory())
68.    {
69.    DMMessageBox(L"当前库存充足,无需入库",TURE,FALSE,WAITINFINITE,GetSafeHwnd());
70.    break：
71.    }
72.
73.    iMaxInventory = CWarehouseData：：GetSingleInstance().GetMaxInventory()-CWarehouseData：：
       GetsingleInstance(),GetInventory();
74.    if(iInventory＞iMaxInventory)//设置的库存至不能超过最大可入的库存数量
75.    {
76.    strMsg.Format(L"设置的库存值不能超过最大可入的库存数量\n最大可入：%d件
77.    ,iMaxInventory);
78.    DMMessageBox(strMsg,TRUE,FALSE,WAITINFINITE,GetSafeHwnd());
79.
80.    break;
81.    }
82.
83.    strMsg.Format(L"确定入库？\n数量：%d件",iInventory);
84.    if (IDCANCEL ＝ ＝ DMMessageBox(strMsg,TRUE,FALSE,WAITINFINITE,GetSafeHwnd()))
85.    break;
86.
```

```
87.   CWarehouseData::GetSingleInstance().SetInventory(CWarehouseData::GetSingleInstance(),
      GetInventory() + iInventory);
88.
89.   tm = CTime::GetCurrentTime();
90.   str_PutStoRecord.strPutTime,Format(L"%.4d-%.2d-%.2d%.2d:%,2d:%.2d",
91.   tm.GetYear(),tm.GetMonth(),tm.GetDay(),tm.GetHour(),tm.GetMinute(),tm.GetSecond();
92.   str_PutStoRecord.strPutTimeCount.Format(L"%d件,iInventory);
93.   str_PutStoRecord.strPutAccount =
94.   CUsersMsgData::GetSingleInstance().GetLoginAccount():
95.
96.   strMsg.Format(L"入库成功！\n数量:%d件,iInventory);
97.   DMMessageBox(L"入库成功",TRUE,FALSE,WAITINFINITE,GetSafeHwnd());
```

库存预警的源程序如下：

```
1.    UINT CMainProgram::funSetInvWarningValue()
2.    {
3.    int iInvWarning = 0;
4.    CStringW strInvWarning;
5.    DM::DUIEdit* pedit_InvWarning = NULL;//库存预警值
6.    DM::DUIButton* pedit_InvWarning = NULL;
7.
8.    Pbtn_InvWarning = (DM::DUIButton*)FindChildByName(BTN_INVWARNING);
9.    pedit_InvWarning = (DM::DUIButton*)FindChildByName(EDIT_INVWARNING);//库存预警值;
10.
11.   if (NULL != pbtn_InvWarning)
12.   pbtn_InvWarning->DM_EnableWindow(FALSE);
13.   If (IDCANCEL == DMMessageBox(L"确定修改库存预警值",TRUE,FALSE,WAITINFINITE,GetSafeHwnd()))
14.   break;
15.
16.   strInvWarning = pedit_InvWarning->GetWindowTextW();
17.   iInvWarning = (int)_tcstoul(strInvWarning,NULL,10);
18.
19.   if (CWarehouseData::GetSingleInstance().SetInvWarning(InvWarning))
20.   {
21.   ShowInvWarningValue(iInvWarning);
22.   DMMessageBox(L"设置库存预警值成功",TRUE,FALSE,WAITINFINITE,GetSafeHwnd());
23.   }
24.   } while(FALSE);
```

三、机械手设计

机械手系统在下单后开启进入状态，有待机、出库、投掷、运输工件等状态，"当前工作状态"相关的界面如图 2-3-2-6 所示。

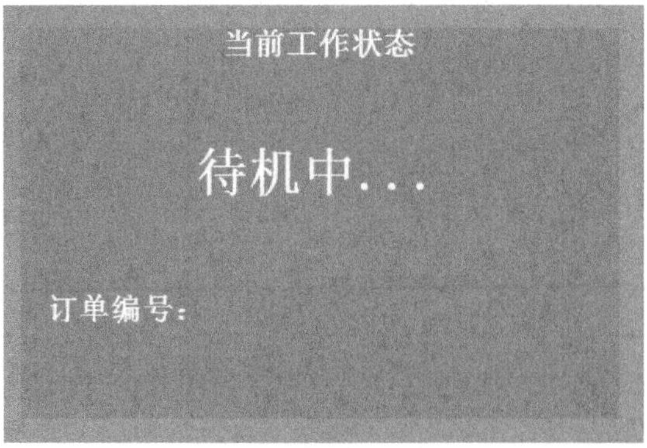

(a)

(b)

(c)

(d)

图 2-3-2-6　机械手系统"当前工作状态"相关界面

进入状态的源代码如下：

```
1.  void COrderProcessData::AddCarveNoRecord(ITmap_PlaceOrder itOrder,const
2.  STRCARVENORECORD& suCarveNoRecord)
3.  {
4.  Wstring strErrMsg；
5.
6.  DMMessageBox(suCarveBoRecord,strErrMsg,TRUE,FALSE,3,
7.  m_pMsgMainWnd->GetSafeHwnd();
8.  DMWriteLog(suCarveNoRecord. strErrMsg);
9.
10.  itorder->second. iErrOrderCount = suCarveNoRecord. iErrCount;
11.  itorder->second. en_ErrorCode = suCarveNoRecord. en_ErrorCode;
12.  itorder->second. en_OrderState = suCarveNoRecord. en_OrderState;
13.  FlushOrderState(itOrder->first,itOrder->second. iOrderCount,
14.  itOrder->second. iErrOrderCount,itOrder->second. en_ErrorCode,
15.  itOrder->second. en_OrderState);
16.
17.  CFPLHttpClient::GetSingleInstance(). AddErrorCarveNoRecord(itOrder-> second. strAccount. GetString
     (),itOrder->second. strOrderNumber. GetString(),itOrder->second. iOrderCount,
18.  itOrder->second. iErrOrderCount,(int)itOrder->second. en_ErrorCode,
19.  itOrder->second. strCraveName. GetString(),strErrMsg);
20.  }
```

状态切换的源代码如下：

```
1.  void COrderProcessData::ChangeWordState(ENWORKSTATE en_WordState,int * piOrdering)
2.  {
3.  if(ASSERTNULL(m_pMsgMainWnd))
4.  {
5.  STRINTERACTION suInteraction;
6.  BOOL bSend2Server = TRUE;
7.
8.  m_pMsgMainWnd->PostUserMessage(MSG_CHANGEWORKSTATE,(WPARAM)en_WordState,
9.  (LPAPARM)piOrdering);//切换到下单状态
10.
11.  //当前工作状态,0-待机中,1-下单中,2-出库中,3-加工中,4 检测中,5-运输中
12.  suInteraction. iVisionResult = -1;
13.  if (en_waitting = = en_WordState)
14.  suInteraction. iWorkState = 0;
15.  else if (en_ordering = = en_WordState)
16.  suInteraction. iWordState = 1;
17.  else if (en_outbounding = = en_WordState)
18.  suInteraction. iWordState = 2;
19.  else if (en_processing = = en_WordState)
20.  suInteraction. iWordState = 3;
```

```
21.    else if (en_detectioning = = en_WordState)
22.    suInteraction.iWordState = 4;
23.    else if (en_transportting = = en_WordState)
24.    suInteraction.iWordState = 5;
25.    else if (en_unqualified = = en_WordState)
26.    {
27.    suInteraction.iWorkState = 4;
28.    suInteraction.iVisionResult = 0;
29.    }
30.    else if (en_qualified = = en_WordState)
31.    }
32.    suInteraction.iWorkState = 4;
33.    suInteraction.iVisionResult = 1;
34.    }
35.    else
36.    bSend2Server = FALSE;
37.
38.    suInteraction.bAddUp = TRUE;
39.    suInteraction.iTotalCountTod =
40.    CRecordData::GetSingleInstance().GetPRTodNumber();
41.    suInteraction.iQuailfiedTod =
42.    CRecordData::GetSingleInstance().GetPercentPassTod();
43.    suInteraction.iTotalCountTod =
44.    CRecordData::GetSingleInstance().GetPRHisNumber();
45.    suInteraction.iQuailfiedHis =
46.    CRecordData::GetSingleInstance().GetPercentPassHis();
47.
48.    if (TRUE = = bSend2Server)
49.    CInteractionCenter::GetSingleInstance().SendToInteraction(suInteraction,
50.    CRecordData::GetSingleInstance().m_mapOrderRecordHis,
51.    CRecordData::GetSingleInstance().m_mapProceRecordHis,
52.    }
53.    }
```

四、雕刻系统设计

雕刻系统的相关功能包括：切换到加工状态后，开启激光头功能进行雕刻，雕刻完成时超时或机械异常，则将订单添加到异常订单中，并且发送仓库位置和图案模板编号。其相关界面如图 2-3-2-7 所示。

雕刻系统的源代码如下：

```
1.    CFPLHttpClient::GetSingleInstance().SetWarnCount(CWarehouseData::GetSingleIntance().GetInventory
       (),CWarehouseData::GetSingleInstance().GetInvWarning(),strErrMsg;
2.
3.    ChangeWordState(en_processing);//切换到加工状态
```

```
4.
5.    //等待雕刻完成
6.    uiResult = CCodesysShm::GetSingleInstance().WaitSculptureComp();
7.    if(1！ = uiResult)//等待超时或机械异常
8.    {
9.    m_bOrderProcess = TRUE;
10.
11.   //等待雕刻完成超时或机械异常,则将订单添加到异常订单中
12.   suCarveNoRecord.en_ErrorCode = en_sserr;
13.   suCarveNoRecord.en_OrderState = en_err
14.
15.   if(iRelOrderCount ＞= 2)
16.   suCarveNoRecord,iErrCount = iRelOrderCount - iProcess - 1;
17.   else
18.   suCarveNoRecord,iErrCount = iRelOrderCount;
19.
20.   suCarveNoRecord.iOrderCount = itOrder->second.iOrderCount;
21.   suCarveNoRecord.strErrMsg.Format(L"订单[％s]异常:等待雕刻完成时超时或机械异常")
22.
23.   //发送仓库位置和图案模板编号
24.   CCodesysShm::GetSingleInstance().SetCarveNumber((UINT32)iCurSel);//加工模板号
```

图 2-3-2-7 雕刻系统相关界面

五、能耗系统设计

能耗系统显示的是当前的温度、湿度数据和电能表的电压、电流及功率数据,如图 2-3-2-8 所示。

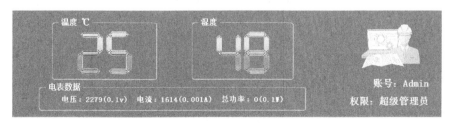

图 2-3-2-8 能耗系统界面

能耗系统的源代码如下:

```
1.    Void CMainProgram::ShowTemperature(const INT_PTR& iTemperature)
2.    {
3.    INT_PTR iBits = 0;
4.    INT_PTR iTen = 0;
5.    CStringW strBits;
6.    CStringW strTen;
7.    DM::DUIStation * psta_TempBits = NULL;   //温度个位
8.    DM::DUIStation * psta_TempTen = NULL;   //温度十位
9.
10.   iBits = iTemperature % 10;
11.   iTen = iTemperature / 10;
12.   strBits.Format(PATHELECNUMBER,DMGetRootPath(),iBits);
13.   strTen.Format(PATHELECNUMBER,DMGetRootPath(),iTen);
14.
15.   psta_TemptBits = (DM::DUIStatic*(FindChildByName(STA_TEMPT_BITS);
16.   if (NULL ! = psta_TemptBits)
17.   ChangeWidgetPicture(L"2",strBits,psta_TemptBits);
18.
19.   psta_TemptTen = (DM::DUIStatic*)FindChildByName(STA_TEMPT_TEN);
20.   if (NULL ! = psta_TemptTen)
21.   ChangeWidgetPicture(L"1",strTen,psta_TemptTen);
22.
23.   void CMainProgram::ShowHumidity(const INT_PTR&iHumidity)
24.   {
25.   INT_PTR iBits = 0;
26.   INT_PTR iTen = 0;
27.   CStringW strBits;
28.   CStringW strTen;
29.   DM::DUIStatic * psta_HumidBits = NULL;//湿度个位
30.   DM::DUIStatic * psta_HumidTen = NULL;//湿度十位
31.
32.   iBits = iHumidity % 10;
33.   iTen = iHumiditu / 10;
34.   strBits.Format(PATHELECNUMBER,DMGetRootPath(),iBits);
35.   strTen.Format(PATHELECNUMBER,DMGetRootPath(),iTen);
36.
37.   psta_HumidBits = (DM::DUIStatic*)FindChildByName(STA_HUMID_BITS);
38.   if (NULL ! = psta_HumidBits)
39.   ChangeWidgetPicture(L"2",strBits,psta_HumidBits);
40.
41.   psta_HumidTen = (DM::DUIStatic*)FindChildByName(STA_HUMID_TEN);
42.   if (NULL ! = psta_HunidTen)
43.   ChangeWidgetPicture(L"1",strTen,psta_HumidTen);
44.
```

```
45.
46.  void CMainProgram::ShowPower(const int& iV,const int& iA,const& iW)
47.  {
48.  CStringW strMsg;
49.  DM::DUIStatic* psta_Power = NULL;
50.
51.  strMsg.Format(L"电压：%d(0.1v) 电流：%d(0.001A) 总功率：%d(0.1W)",iV,iA,iW);
52.
53.  psta_Power = (DM::DUIStatic*)FindChildByName(STA_POWER);
54.  if (NULL！= psta_Power)
55.  psta_Power->DV-SetWindowText(strMsg);
56.  }
```

六、 AGV系统设计

AGV系统设计的流程图如图2-3-2-9所示。

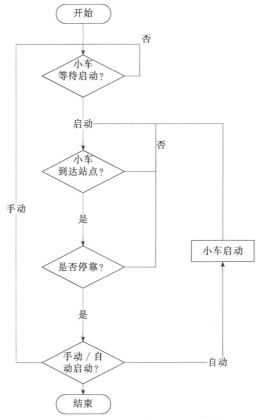

图 2-3-2-9　AGV系统设计的流程图

AGV系统的源代码如下：

```
1.  //启动小车消息响应
2.  LRESULT CMainProgram::OnAGVGo(UINT uMsg, WPARAM wParam, LPARAM IParam)
3.  {
4.  CAGVControl::GetSingleInstance().SetAGVGo(TRUE);
```

```
5.    DMWriteLog(L"LRESULTCMainProgram::OnAGVGo(UINTuMsg,WPARAMwParam,LPARAMIParam)");
6.
7.    Return TRUE;
8.    }
9.    //工件都加工完成后,要启动小车去送货,等小车送货回来后整个订单流程才算完成
10.   if(CAGVControl::GetSingleInstance().StartToTerminus())
11.   {
12.   //printf("小车已启动,开始送货...\n\r");
13.   CAGVControl::GetSingleInstance().WaitAGVComp();
14.
15.   If(CAGVControl::GetSingleInstance().IsAGVComplete()&& ! CAGVControl::GetSingleInstance
      ().IsTimeOut())
16.   {
17.   //printf("小车送货到达...\n\r");
18.   CAGVControl::GetSingleInstance().StopToTerminus();
19.
20.   If(CAGVControl::GetSingleInstance().StartBackOrigin())
21.    {
22.   //printf("小车已启动,开始返回原点...\n\r");
23.   CAGVControl::GetSingleInstance().WaitAGVComp();
24.
25.   If(CAGVControl::GetSingleInstance().IsAGVComplete()&& ! CAGVControl::GetSingleInstance
      ().IsTimeOut())
26.   {
27.   //printf("小车已返回原点...\n\r");
28.   bIsAGVComp = TRUE;
29.   m_borderProcess = FALSE;
30.   }
31.
32.   CAGVControl::GetSingleInstance().StopBackOrigin();
33.   }
34.   }
35.   else
36.   {
37.   CAGVControl::GetSingleInstance().StopToTerminus();
38.   //停止 AGV
39.   CAGVControl::GetSingleInstance().StopToTerminus();
40.   CAGVControl::GetSingleInstance().StopBackOrigin();
41.
42.   CCodesysShm::GetSingleInstance().OrderProcess();
43.   CCodesysShm::GetSingleInstance().SetAFVGoal(0);
44.   CCodesysShm::GetSingleInstance().SetVisionResult(VR_FAULT, TRUE);
45.   CCodesysShm::GetSingleInstance().SetDriveStation(DA_STOP);
46.   }
```

七、视觉系统设计

视觉系统设计的流程图如图 2-3-2-10 所示。

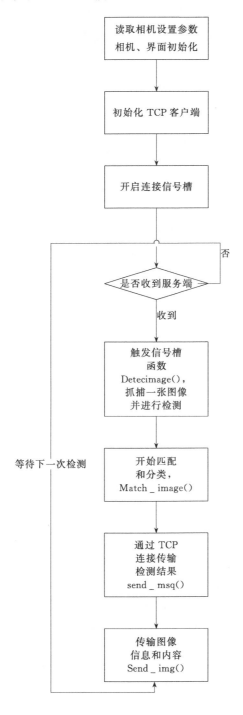

图 2-3-2-10　视觉系统设计的流程图

视觉设备配置如图 2-3-2-11 所示。

图 2-3-2-11 视觉设备配置

视觉系统的主函数源代码如下：

```
1.   //创建主窗口对象,创建 TCP 客户端对象;
2.   //连接 TCP 客户端的接收信号及对应处理槽函数,由信号触发槽函数
3.   int main(int argc, char* argv[])
4.   {
5.       QApplication a(argc, argv);
6.       a. setFont(QFont("Microsoft Yahei", 9));
7.       a. setWindowIcon(QIcon(":/main. ico"));
8.       MainWindow w; //创建主窗口对象
9.       w. readParameter();
10.      w. setWindowTitle("照相检测系统");
11.      w. show();
12.      TcpClient tc; //创建 TCP 客户端对象
13.      QObject::connect(&tc,SIGNAL(StartDetec()),&w,SLOT(DetecImage()));//接收开始信号和
         检测函数
14.      QObject::connect(&tc,SIGNAL(SendImageSize()),&w,SLOT(GetImageSize()));//需要发送图
         片大小信号和获取图片大小函数
15.      QObject::connect(&tc,SIGNAL(SendImageData()),&w,SLOT(GetImageData()));//需要发送图
         片数据信号和获取图片数据函数
16.      QObject::connect(&w,SIGNAL(SendResult(QByteArray &)),&tc,SLOT(send_msg(QByteArray
         &)));//接收发送结果信号和发送检测结果函数
17.      QObject::connect(&w,SIGNAL(SendPicSize(QByteArray &)),&tc,SLOT(send_msg(QByteArray
         &)));//接收发送图片大小信号和发送图片大小信息函数
18.      QObject::connect(&w,SIGNAL(SendPicData(QByteArray &)),&tc,SLOT(send_img(QByteArray
         &)));//接收发送图片数据信号和发送图片大小信息函数
19.      return a. exec();
20.  }
```

相机 SDK 初始化函数 init_sdk () 的源代码如下：

```
1.   int MainWindow::init_SDK()
```

```
2.    {
3.      int              iCameraCounts = 1;
4.      int              iStatus = -1;
5.      tSdkCameraDevInfo       tCameraEnumList;
6.
7.      CameraSdkInit(1);//sdk 初始化   0 English 1 中文
8.      //枚举设备,并建立设备列表
9.      CameraEnumerateDevice(&tCameraEnumList,&iCameraCounts);
10.     //没有连接设备
11.     if(iCameraCounts = = 0)
12.     {
13.         return -1;
14.     }
15.     //相机初始化。初始化成功后,才能调用任何其他相机相关的操作接口
16.     iStatus = CameraInit(&tCameraEnumList,-1,-1,&g_hCamera);
17.
18.     //初始化失败
19.     if(iStatus! = CAMERA_STATUS_SUCCESS){
20.         return -1;
21.     }
22.     //获得相机的特性描述结构体。该结构体中包含了相机可设置的各种参数的范围信息。决定了
        相关函数的参数
23.     CameraGetCapability(g_hCamera,&g_tCapability);
24.     g_pRgbBuffer = (unsigned char*)malloc(g_tCapability. sResolutionRange. iHeightMax * g_
        tCapability. sResolutionRange. iWidthMax* 3);
25.     g_readBuf = (unsigned char*)malloc(g_tCapability. sResolutionRange. iHeightMax * g_tCa-
        pability. sResolutionRange. iWidthMax* 3);
26.
27.     CameraPlay(g_hCamera);
28.
29.     /* 设置图像处理的输出格式,彩色黑白都支持 RGB24 位*/
30.     if(g_tCapability. sIspCapacity. bMonoSensor){
31.         channel = 1;
32.         CameraSetIspOutFormat(g_hCamera,CAMERA_MEDIA_TYPE_MONO8);
33.     }else{
34.         channel = 3;
35.         CameraSetIspOutFormat(g_hCamera,CAMERA_MEDIA_TYPE_RGB8);
36.     }
37.     return 0;
38.  }
```

TCP 客户端初始化 TcpClient 源代码如下:

```
1.  TcpClient::TcpClient(QObject* p) :
2.    QObject(p)
```

```
3.    {
4.      tSocket = new QTcpSocket(this);
5.      /* ------ 连接信号与槽 ------ */
6.      /* 一连上 server 就发信息 */
7.      connect(tSocket, SIGNAL(connected()),
8.        this, SLOT(connect_msg()));
9.      /* server 有回复就读取 */
10.     connect(tSocket, SIGNAL(readyRead()),
11.       this, SLOT(read_msg()));
12.     /* server 把连接断了就发出提示 */
13.     connect(tSocket, SIGNAL(disconnected()),
14.        this, SLOT(end_connent()));
15.     /* 向 server 发送连接请求 */
16.     while (! m_IsConectOK)
17.     {
18.       std::cout << "--- Connect to Host ---" << std::endl;
19.       tSocket->connectToHost(IP, PORT);
20.       Sleep(3);
21.     }
22.   }
```

检测函数源代码如下：

```
1.    void MainWindow::DetecImage()
2.    {
3.      int mStatus;
4.      int  iCameraCounts = 1;
5.      tSdkCameraDevInfo       tCameraEnumList;
6.      ui->Lb_ImageFull->show();
7.      mStatus = CameraGetImageBuffer(g_hCamera, &g_tFrameHead,&g_readBuf, 1000);//调用相机捕获一帧图像
8.      if(mStatus == CAMERA_STATUS_SUCCESS)
9.      {
10.       if(timeoutCount>0)
11.       timeoutCount = 0;
12.       CameraImageProcess(g_hCamera, g_readBuf, g_pRgbBuffer, &g_tFrameHead);
13.         // 功能描述：将获得的相机原始输出图像数据进行处理,叠加饱和度、颜色增益和校正、降噪等处理效果,最后得到 RGB888 格式的图像数据
14.       if (iplImage)
15.       {
16.         cvReleaseImageHeader(&iplImage);
17.       }
18.       iplImage = cvCreateImageHeader(cvSize(g_tFrameHead. iWidth, g_tFrameHead. iHeight),IPL_DEPTH_8U,channel);
19.
```

```
20.        cvSetData(iplImage,g_pRgbBuffer,g_tFrameHead.iWidth * channel);//此处只是设置指针,
    无图像块数据拷贝,不需担心转换效率

21.

22.        Mat Image(iplImage,false);//这里只是进行指针转换,将 IplImage 转换成 Mat 类型 false:浅
    拷贝,创建图像头,没有复制数据   true:深拷贝,复制整个图像

23.        imgsize.clear();

24.        imgdata.clear();

25.        std::vector<uchar> buf;

26.        imencode(".jpg",Image,buf);

27.        for(int i = 0;i < buf.size();i++)

28.        {

29.        imgdata.append(buf[i]);

30.        }

31.

32.        QString sizestr = QString::number(buf.size());

33.        imgsize.append(QString("06").toLatin1());

34.

35.        int strlength = sizestr.length();

36.        for (int i = 0; i < 8 - strlength ; i++)

37.        {

38.          imgsize.append(QString("0").toLatin1());

39.        }

40.        imgsize.append(sizestr.toLatin1());

41.

42.        QByteArray bytearry;

43.        int match_failed = 0;

44.        for (int i = 0; i < match_img_num; i++)//开始逐一匹配

45.        {

46.          if (match_image(Image,MatchlocImages[i]) == 1 )

47.          {

48.            cvtColor(Image,ImageColor,CV_GRAY2BGR);

49.            rectangle( ImageColor, matchLoc, Point( matchLoc.x + MatchlocImages[i].cols , mat-
    chLoc.y + MatchlocImages[i].rows ), RED, 2, 8, 0 );

50.            drawCross(ImageColor,Point( matchLoc.x + MatchlocImages[i].cols/2 , matchLoc.y
    + MatchlocImages[i].rows/2 ),RED,10,2);

51.

52.            char prob[5] = {0};

53.            sprintf(prob," %.2f",matchvalue);

54.            putText(ImageColor,prob,Point(matchLoc.x,matchLoc.y + 20),CV_FONT_BLACK,1,GREEN,
    1);

55.            qImageColor = MatToQImage(ImageColor);

56.             ui->Lb_ImageFull->setPixmap(QPixmap::fromImage(qImageColor).scaled(IMGFUL-
    WIDTH,IMGFULHEIGH));

57.             if(i == 0)
```

```
58.            {
59.                ui->label_meassage->setStyleSheet("color:red;");
60.                ui->label_meassage->setText(tr("1"));
61.                bytearry.append(DETEC_RESULT_1.toLatin1());
62.                emit SendResult(bytearry);
63.            }
64.            else if (i = = 1)
65.            {
66.                ui->label_meassage->setStyleSheet("color:green;");
67.                ui->label_meassage->setText(tr("2"));
68.                bytearry.append(DETEC_RESULT_2.toLatin1());
69.                emit SendResult(bytearry);
70.            }
71.            else if(i = = 2)
72.            {
73.                ui->label_meassage->setStyleSheet("color:red;");
74.                ui->label_meassage->setText(tr("3"));
75.                bytearry.append(DETEC_RESULT_3.toLatin1());
76.                emit SendResult(bytearry);
77.            }
78.            else if (i = = 3)
79.            {
80.                ui->label_meassage->setStyleSheet("color:green;");
81.                ui->label_meassage->setText(tr("4"));
82.                bytearry.append(DETEC_RESULT_4.toLatin1());
83.                emit SendResult(bytearry);
84.            }
85.            break;
86.        }
87.        else
88.        {
89.            match_failed + + ;
90.        }
91.    }
92.    if (match_failed = = match_img_num)
93.    {
94.        match_failed = 0;
95.        Point2f center(Image.cols/2. ,Image.rows/2. );
96.        Mat rot = getRotationMatrix2D(center,180,1.0);
97.        Rect box = RotatedRect(center,Image.size(),180).boundingRect();
98.        rot.at<double>(0,2) + = box.width /2.0 - center.x;
99.        rot.at<double>(1,2) + = box.height /2.0 - center.y;
100.       warpAffine(Image,NewImage,rot,box.size());
101.       cvtColor(NewImage,ImageColor,CV_GRAY2BGR);
```

```
102.         for (int i = 0; i < match_img_num; i++)
103.         {
104.             if (match_image(NewImage,MatchlocImages[i]) == 1 )
105.             {
106.                 rectangle( ImageColor, matchLoc, Point( matchLoc.x + MatchlocImages[i].cols ,
            matchLoc.y + MatchlocImages[i].rows ), RED, 2, 8, 0 );
107.                 drawCross(ImageColor,Point( matchLoc.x + MatchlocImages[i].cols/2 , match-
            Loc.y + MatchlocImages[i].rows/2 ),RED,10,2);
108.
109.                 char prob[5] = {0};
110.                 sprintf(prob,"%.2f",matchvalue);
111.                 putText(ImageColor,prob,Point(matchLoc.x,matchLoc.y + 20),CV_FONT_BLACK,1,
            GREEN,1);
112.                 qImageColor = MatToQImage(ImageColor);
113.             }
114.         }
115.     }
```

TCP 客户端 send_msg() 函数的源代码如下：

```
1.   //客户端发送检测结果到服务端
2.   void TcpClient::send_msg(QByteArray &ba)
3.   {
4.     std::cout << "send:" << ba.data() << std::endl;
5.     tSocket->write(ba.data());
6.     tSocket->waitForBytesWritten(5000); //等待延时
7.   }
```

TCP 客户端 send_img() 函数的源代码如下：

```
1.   客户端发送图像数据到服务端
2.   void TcpClient::send_img(QByteArray &ba)
3.   {
4.     tSocket->write(ba);
5.     tSocket->waitForBytesWritten(5000);//等待延时
6.   }
7.
8.   ui->Lb_ImageFull->setPixmap(QPixmap::fromImage(qImageColor).scaled(IMGFULWIDTH,IMGFUL-
     HEIGH));
9.             if(i == 0)
10.            {
11.                ui->label_meassage->setStyleSheet("color:red;");
12.                ui->label_meassage->setText(tr("1"));
13.                bytearry.append(DETEC_RESULT_1.toLatin1());
14.                emit SendResult(bytearry);
15.            }
16.            else if (i == 1)
```

```
17.                {
18.                    ui->label_meassage->setStyleSheet("color:green;");
19.                    ui->label_meassage->setText(tr("2"));
20.                    bytearry.append(DETEC_RESULT_2.toLatin1());
21.                    emit SendResult(bytearry);
22.                }
23.                else if(i==2)
24.                {
25.                    ui->label_meassage->setStyleSheet("color:red;");
26.                    ui->label_meassage->setText(tr("3"));
27.                    bytearry.append(DETEC_RESULT_3.toLatin1());
28.                    emit SendResult(bytearry);
29.                }
30.                else if (i==3)
31.                {
32.                    ui->label_meassage->setStyleSheet("color:green;");
33.                    ui->label_meassage->setText(tr("4"));
34.                    bytearry.append(DETEC_RESULT_4.toLatin1());
35.                    emit SendResult(bytearry);
36.                }
37.                break;
38.            }
39.            else
40.                match_failed++;
41.        }
42.        if (match_failed==match_img_num)
43.        {
44.        qImageColor = MatToQImage(ImageColor);
45.         ui->Lb_ImageFull->setPixmap(QPixmap::fromImage(qImageColor).scaled(IMGFUL-
               WIDTH,IMGFULHEIGH));
46.        }
47.    }//在成功调用 CameraGetImageBuffer 后,必须调用 CameraReleaseImageBuffer 来释放获得
           的 buffer。//否则再次调用 CameraGetImageBuffer 时,程序将被挂起一直阻塞,直
           到其他线程中调用 CameraReleaseImageBuffer 来释放了 buffer
48.    CameraReleaseImageBuffer(g_hCamera,g_readBuf);
49. }
50. else if(mStatus==CAMERA_STATUS_TIME_OUT)
51. {
52.    timeoutCount++;
53.    if (timeoutCount==3)
54.    {
55.       timeoutCount=0;
56.       m_camera_statuesFps->setText(tr("相机掉线"));
57.       //枚举设备,并建立设备列表
```

```
58.          if(CameraEnumerateDevice(&tCameraEnumList,&iCameraCounts)= = CAMERA_STATUS_SUC-
                CESS)
59.      {
60.          CameraGetCapability(g_hCamera,&g_tCapability);
61.          if(g_hCamera>0)
62.          {
63.              CameraUnInit(g_hCamera);//相机反初始化。释放资源。
64.          }
65.          init_SDK();
66.          restartCamera();
67.      }
68.     }
69.   }
70.  }
```

【归纳总结】

工业物联网系统的感知层利用 PLC 技术，把温湿度传感器的信息和电压、电流、功率等能耗数据，通过 RS485 通信上传到上位机软件系统，视觉系统把采集到的监控图像数据通过路由器上传到上位机软件系统，AGV 系统把路程状态等信息通过无线模块上传到上位机软件系统，机械手系统通过 PLC 的 I/O 模块执行各类操作。系统应用层采集到传输层传递过来的数据后，在主页界面可以观察到各类数据和执行机构的操作，并且通过下单中心和数据中心显示队列中待处理的订单、今日加工信息、历史加工信息以及库存信息等，从而组成了一个完整的工业物联网项目系统开发流程。

练习与实训

1. PLC 的应用场景有哪些？试举例说明。
2. RS485 通信的特点是什么？

参 考 文 献

［1］ 张建雄，吴晓丽，杨震，等. 基于工业物联网的工业数据采集技术研究与应用 ［J］. 电信科学，2018，34（10）：130-135.

［2］ 张杰. 智慧校园智慧服务和运维平台构建研究 ［J］. 无线互联科技，2017，000（012）：78-79.

［3］ 杨龙，刘宝学，刘翠娟，等. 大数据时代智慧物流发展研究 ［J］. 河北企业，2017，000（010）：80-81.

［4］ 陈继欣，邓立. 传感网应用开发（中级）［M］. 北京：机械工业出版社，2019.

［5］ 杨琳芳. 无线传感网络技术与应用项目化教程 ［M］. 北京：机械工业出版社，2019.

［6］ 李靖. 物联网综合应用实训 ［M］. 北京：机械工业出版社，2019.

［7］ 郑宇平. 物联网智能终端设计及工程实例 ［M］. 北京：化学工业出版社，2018.

［8］ 张晶. 物联网与智能制造 ［M］. 北京：化学工业出版社，2019.